浙江省普通高校"十三五"新形态教材

高等院校视觉美育综合设计基础系列教材

Fundamentals of
Artificial Form Design

# 手绘表现技法

王园园 / 编著

ZHEJIANG UNIVERSITY PRESS
浙江大学出版社
· 杭州 ·

图书在版编目（CIP）数据

手绘表现技法 / 王园园编著. -- 杭州：浙江大学
出版社, 2024.5
　　ISBN 978-7-308-24426-8

　　Ⅰ.①手… Ⅱ.①王… Ⅲ.①室内装饰设计—建筑制
图—绘画技法—高等学校—教材 Ⅳ.①TU204

　　中国国家版本馆CIP数据核字(2023)第228748号

**手绘表现技法**

SHOUHUI BIAOXIAN JIFA

王园园　　编著

| | |
|---|---|
| 责任编辑 | 朱　辉 |
| 文字编辑 | 赵　钰 |
| 责任校对 | 葛　娟 |
| 责任印制 | 范洪法 |
| 封面设计 | 春天书装 |
| 出版发行 | 浙江大学出版社 |
| | （杭州市天目山路148号　　邮政编码　310007） |
| | （网址：http://www.zjupress.com） |
| 排　　版 | 杭州林智广告有限公司 |
| 印　　刷 | 杭州捷派印务有限公司 |
| 开　　本 | 787mm×1092mm　1/16 |
| 印　　张 | 14.25 |
| 字　　数 | 316千 |
| 版 印 次 | 2024年5月第1版　2024年5月第1次印刷 |
| 书　　号 | ISBN 978-7-308-24426-8 |
| 定　　价 | 65.00元 |

# 总序
## FOREWORD

　　高等院校视觉美育综合设计基础系列教材包括了美术、设计、建筑、环艺等几个门类的基础技法和理论教学，教材的编写重视解决课程的基本问题，通过围绕相关基础问题的规律、特点，寻求事半功倍的训练方式，让学生掌握相关的技能。但是教材写作主张"道器并举"，更提倡"以道带器"，因为道是境界，器是表达道的手段。本套教材通过大量杰出的艺术设计范例和大师作品欣赏，提升学生对艺术之道、设计之道的体悟，并通过分析器之使用者如何巧妙地利用器来表达思想感情和创意，启发学生自主思考、开阔视野与提升认知，能够对器进行灵活地、创造性地使用。创造性思维和技能拓展是教学的终极目的，而通过灵活有趣的课题作业，针对问题进行专门训练，则是本套教材编写者始终在教学实践中不断思考的问题。因为基础教材所传授的原理、技巧以及其他知识和传统滋养理所当然地以创造为核心。

　　美是一个人对具有美感的自然或人造审美对象进行感知、享受、判断和评价的行为过程，美育就是培养审美的敏锐感受力，启发丰富的想象力和创造力，以达到情理相融、人格统整和精神自由的全人教育。综合设计的基础教育同样要重视美育，强调通过基础教育的基本技巧训练获得更高的审美品质，增强艺术设计的软实力，提升中国设计的文化自信和人文关怀。审美教育贯穿在整个美术基础教学训练过程中。例如，静物的选择与组合，体现着审美认知和创意表达；对物体的写生、解析，体现着审美要素的分析和运用；在设计草图和绘本表现技法训练中，不同的表现呈现了不同的认知和审美风格；而在中国建筑文化的讲述中，中国美学思想的阐释更是重要的内容。这都需要教师在教学中秉持正确、鲜明的美学主张和多元开放的教学态度，将审美教育贯穿于每个单元的教学过程中。

中共中央办公厅、国务院办公厅联合印发的《关于全面加强和改进新时代学校美育工作的意见》指出："美是纯洁道德、丰富精神的重要源泉。美育是审美教育、情操教育、心灵教育，也是丰富想象力和培养创新意识的教育，能提升审美素养、陶冶情操、温润心灵、激发创新创造活力。"国家对审美教育的重视与倡导，应和了当代中国社会和经济发展的大背景。美育作为中华民族伟大复兴的基础工程的一个重要方面，就是要使每一位受教育者都能够通过美育的熏陶，发现美、欣赏美、创造美。这正是基础课教师应该认真践行的一个标准，也是本套教材的编写原则。

党的二十大报告提出："增强中华文明传播力影响力。坚守中华文化立场，提炼展示中华文明的精神标识和文化精髓，加快构建中国话语和中国叙事体系，讲好中国故事、传播好中国声音，展现可信、可爱、可敬的中国形象。"本套教材以习近平新时代中国特色社会主义思想为指导，全面贯彻党的二十大精神，落实立德树人的根本任务，使教学内容充分体现美育要求。

美育是文化自信与文化繁荣的基础性工程。对艺术家与设计师更要加强审美教育，这样他们才能用杰出的作品影响大众，用作品的美影响大众的生活，使其成为社会价值观的一部分，并从符合社会规范通往满足道德高度的要求，形成美育的最高境界。因此，在综合设计基础教学里，如何让受教育者通过各种基础训练，能够潜移默化地感受到历史观、国家观、民族观、文化观等，并由此凝聚成中国文化的向心力，需要教师精心地进行课程设计。改进美育教育，提高学生的审美与人文素养，是本套综合设计基础系列教材编写者要共同实现的目标。

周至禹

2023 年 10 月 1 日

# 目录
## CONTENTS

# CONTENTS

# CHAPTER 1

## 第一章

## 好的开始——手绘基础工具

介绍▼

在手绘过程中，表达工具及形式是广泛的，没有特别的限制，设计者需要根据绘画的内容来选择适合的、自己擅长的绘画工具。在手绘学习前期需要了解不同工具的特性，掌握不同工具的使用方法。本章将对常用的绘图工具进行详细介绍。

# 一、笔

### 1. 钢笔类

钢笔是手绘表现中最重要、最基础的绘图工具之一，使用时容易掌握，更适合手绘表现。笔尖类型通常分为EF、F、M等。不同类型的钢笔笔尖在绘制时会产生不一样的画面效果。钢笔绘制的线条流畅、顺滑，在手绘表现过程中，由于下笔的角度和力度不同，呈现的线条质感也有所不同。设计者若大胆快速地用笔，线条会带有潇洒、挺拔、粗犷的质感；若耐心缓慢刻画，线条又会表现出理性、严谨的画面效果。

### 2. 针管笔

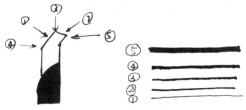

针管笔绘出的线条均匀，笔尖规格为0.13～2.00mm，不同规格的笔尖绘制出的线条粗细也有所不同。特点是出水流畅，更具稳定性，可以用来勾勒轮廓及阴影部分。

### 3. 铅笔

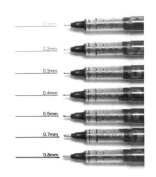

铅笔是手绘表现中最常用、最基础的绘图工具之一，其特点是方便携带、方便修改。铅笔有软硬之分，深浅层次丰富，绘图使用型号一般为H～6B。自动铅笔笔芯规格有0.35mm、0.5mm、0.7mm、1.0mm、2.0mm等，设计者在绘图时可根据需要自主选择合适的铅笔型号。

### 4. 水色笔

水色笔有排笔、圆头水色笔等，按材质分又有尼龙笔、羊毫、狼毫、松鼠毛等各种毛笔，按大小分又有大号水色笔、中号水色笔、勾线笔等，不同类型的水色笔所呈现的笔触效果不同。

大号水色笔——用于铺色，笔头较粗，适合大面积晕染。

中号水色笔——用于绘制细节。

勾线笔——勾勒边线、结构等细节。

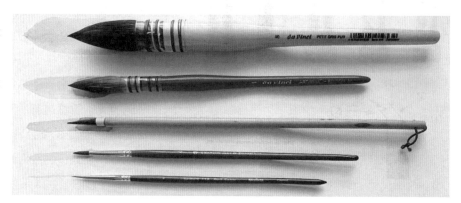

大号水色笔

小号水色笔

狼毫毛笔

尼龙勾线笔

貂毛勾线笔

## 二、纸

### 1. 水色纸

水色纸纸张质地细腻，纹理较鲜明，与一般纸张相比较厚，吸水性也相对较好，耐磨耐擦，适合绘制创作时间较长的作品。

### 2. 复印纸

在前期的大量练习中，可以选择价格实惠的复印纸。纸张有 70g、80g、90g、108g 等质量规格，克数越高的纸张通常质量越好。

### 3. 特殊纸张

特殊纸张也称为艺术纸，常见的有牛皮纸、水纹纸等。这类纸张的材料和纹理有其自身的独特性与艺术性，能使画面产生独特的视觉效果。

### 三、着色颜料

#### 1. 马克笔

马克笔是手绘表现的重要着色工具之一。一般常用的马克笔有油性和水性两种，具有易挥发、方便携带、使用快捷、色彩丰富、表现力强等特点。它不仅可以快速表现效果草图，也可以帮助设计者分析设计方案。在手绘表现方面，马克笔越来越受设计师们的青睐。

油性马克笔：渗透力较强，快干、耐水、色彩饱和度高，笔触重复叠加不伤纸。

水性马克笔：颜色透明度高、鲜亮，但多次叠加容易损伤纸面。若用笔沾水涂抹，则呈现效果与水色颜料类似。

#### 2. 水色颜料

液体水色颜料透明度高，色彩重叠时颜色易渗透。固体水色颜料，色彩艳丽，溶解迅速，可用水进行不同比例的稀释，使颜色在画面中达到不同的透明效果。

#### 3. 彩铅

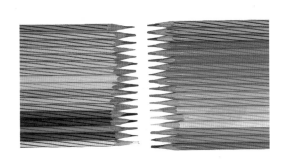

彩色铅笔简称彩铅，是比较容易入门的绘画工具，外形类似于铅笔，颜色多样，易于叠色和修改，方便携带和存放。按铅芯的成分区分，有油性彩铅与水溶性彩铅之分。

油性彩铅：铅芯不易溶于水，蜡质感较重，笔触顺滑，色彩艳丽。

水溶性彩铅：铅芯易溶于水，铺色之后使用毛笔落水晕染，可达到水色颜料的画面效果。

# 四、辅助工具

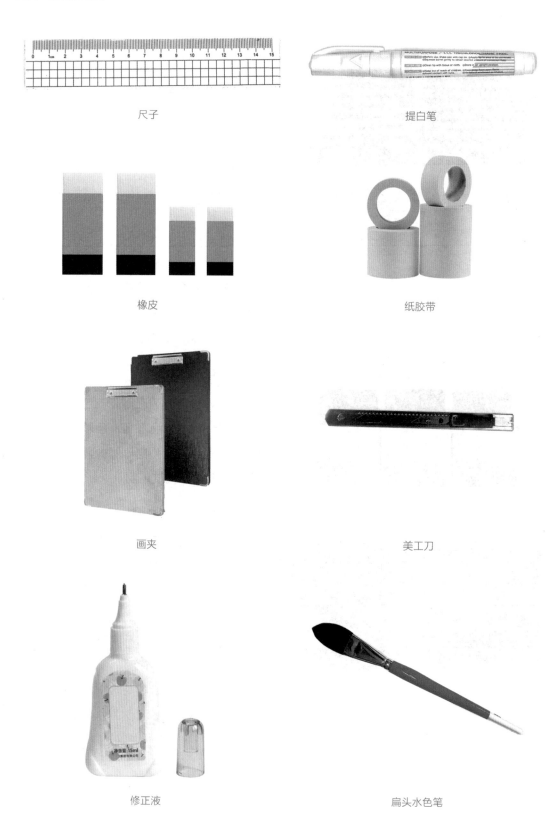

尺子

提白笔

橡皮

纸胶带

画夹

美工刀

修正液

扁头水色笔

刷子

调色盘

圆头水色笔

尼龙笔

吸水毛巾

# CHAPTER 2

第二章

## 精准观察——手绘透视表现

**介绍▼**

　　透视是空间表现的基础，是设计者运用三维的思维将设计灵感与理念表现于平面图纸上。人们的远近、高低、方位视角不同，所观察物体的形态、大小及色彩都会产生变化。设计者依据这种变化，绘制出与人眼所观察到的情况一致的透视图，带给人们真实、生动的视觉效果。在透视图绘制中，把握好空间造型、尺度、大小是关键，本章将阐释透视的基本原理，为后续效果表现做基础铺垫。

## 一、一点透视

　　一点透视顾名思义是除平行线之外，画面中的线条延长后都会聚于唯一的一点（通常为辅助线的聚合点），此点称为消失点或灭点。一点透视表现出的特点为纵深感强、视域较宽，在手绘效果图表现中使用广泛，但其也受平行线的影响，画面的视觉冲击力不强，形式感较弱。

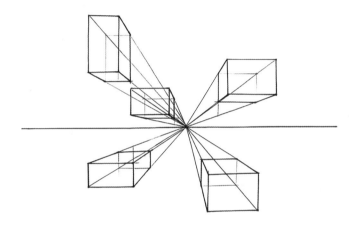

### 1. 一点透视画法步骤图

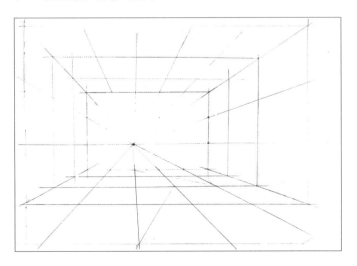

步骤一

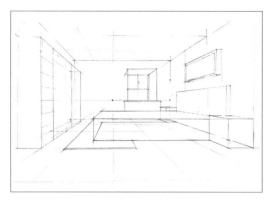

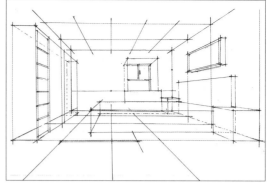

步骤二                                               步骤三

## 2. 注意事项

（1）注意画面的构图，确定一点透视的空间，确定内框的大小和位置。

（2）明确视平线的高度。

（3）确定消失点在视平线上的具体位置。

（4）确定空间中陈设物体在地面上的位置。

## 3. 一点透视效果展示

在手绘表现过程中，需要学会观察、分析空间透视特点，把握透视的基本骨架，观察的同时在脑海中分析空间透视的基本形态，养成利用空间网格的习惯，进而提高表现透视空间的能力。

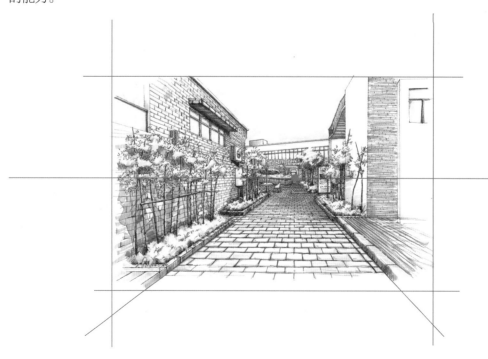

## 二、两点透视

两点透视在视平线中会出现两个消失点，也被称作成角透视。两点透视是从物体的一角进行观察，用这种角度表现时视觉冲击力较强。与一点透视所表现的正立面及结构不同的是，两点透视所呈现的效果更能表达建筑、景观及室内空间的气势，画面氛围较为活跃。

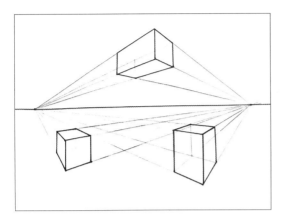
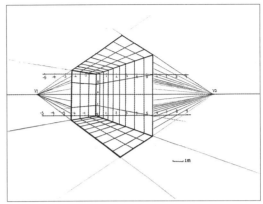

### 1. 两点透视画法步骤图

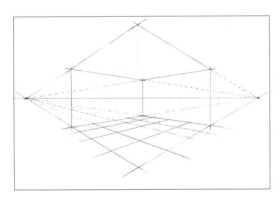

步骤一

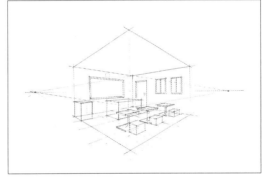

步骤二

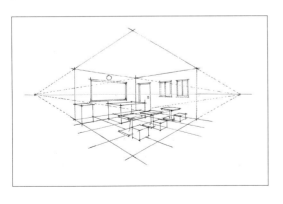

步骤三

### 2. 注意事项

（1）注意画面的构图，确定内框的大小和位置。

（2）确定消失点在画面左右的位置，而后在视平线上找到消失点（注意有时消失点不在画面内）。

（3）确定空间中陈设物体在地面上的正投影。

### 3. 两点透视效果展示

在做两点透视的练习时，需要对不同角度、方向及空间多进行尝试，充分掌握两点透视的画法与技巧。

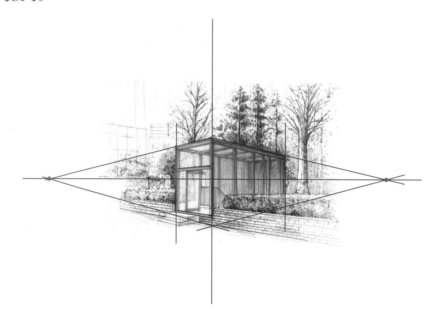

## 三、三点透视

三点透视在画面中有三个消失点，画面中的线条都处于非平行的状态，三点透视又被称作倾斜透视。在手绘表现过程中，三点透视又分为俯视与仰视两种绘图形式。以俯视视角呈现时，大多表达建筑群体及鸟瞰效果；以仰视视角呈现时，大多表现高耸、挺拔、雄伟的画面特征。

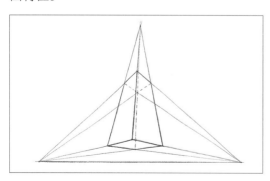
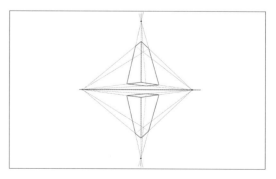

## 1. 三点透视画法步骤图

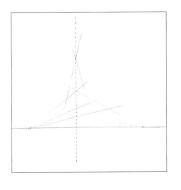 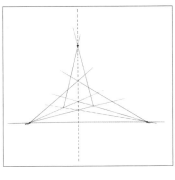 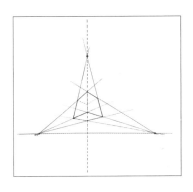

步骤一                    步骤二                    步骤三

## 2. 注意事项

（1）注意画面的构图，确定大小和位置。

（2）明确视平线的高度，画出与视平线相垂直的透视线。

（3）明确透视角度及物体形态。

## 3. 三点透视效果展示

在练习三点透视时，要把握空间的消失点、轮廓线、横向及竖向线条，对画面要有整体的把控能力。

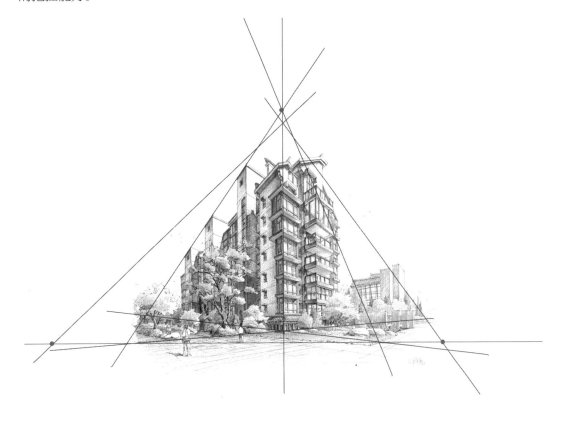

## 教学要求

1. 了解一点透视、两点透视和三点透视的原理，掌握这 3 种透视方法。
2. 熟练运用 3 种透视方法，选择 1 种透视方式绘制于 A3 图纸上，可根据专业选择场景（建筑、景观、室内空间均可），要求透视、比例准确，布局合理，结构清晰。

## 思考练习

1. 学习并理解透视原理，绘制一点透视、两点透视和三点透视。
2. 自主选择场景进行绘制（建筑、景观、室内空间均可）。

# 四、学生作品欣赏

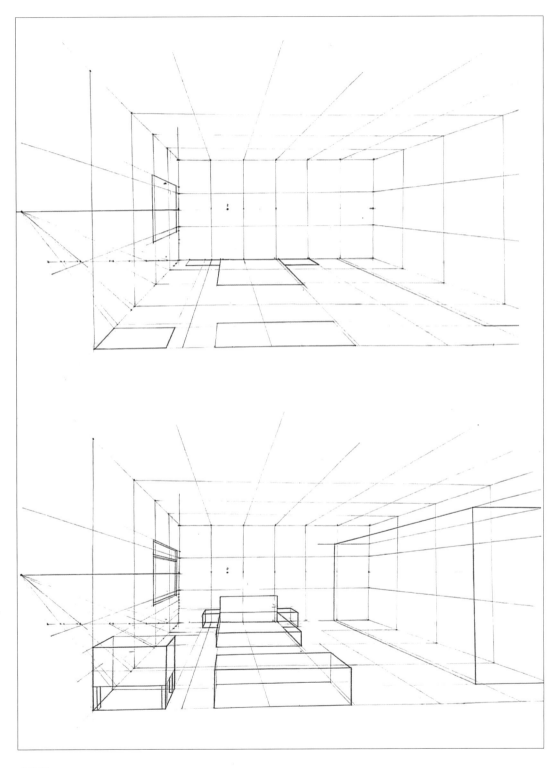

佘丹彤

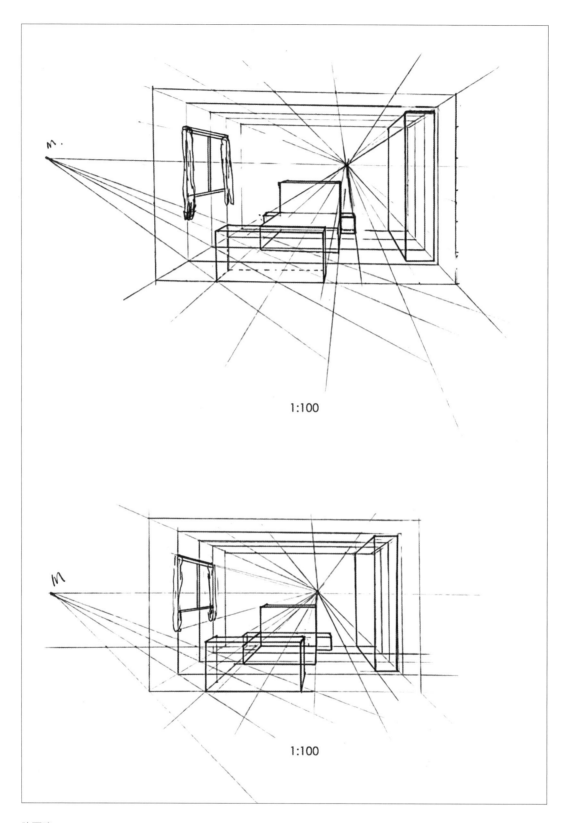

1:100

1:100

陈丽琼

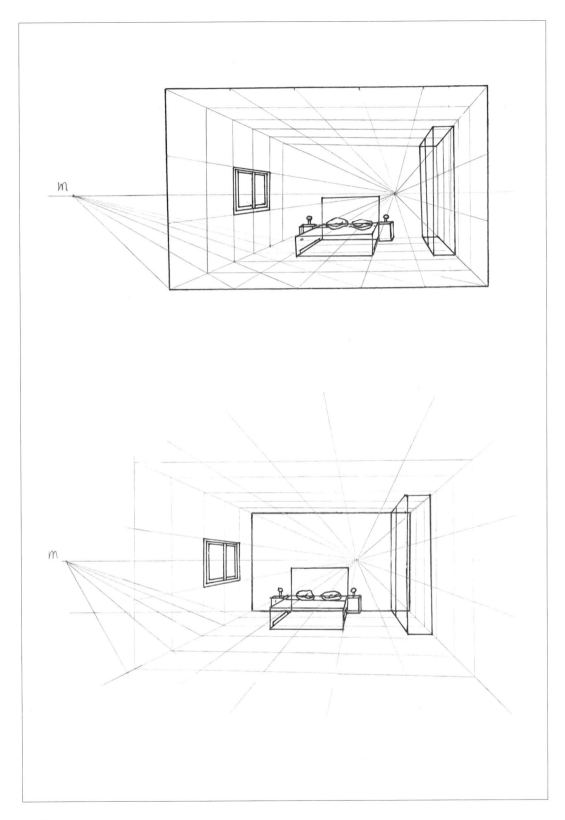

陈巧玲

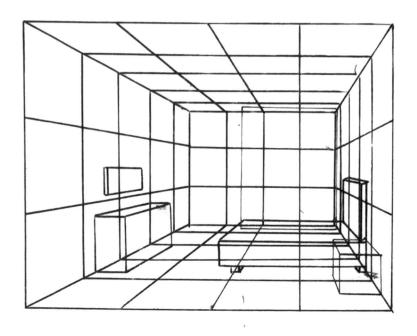

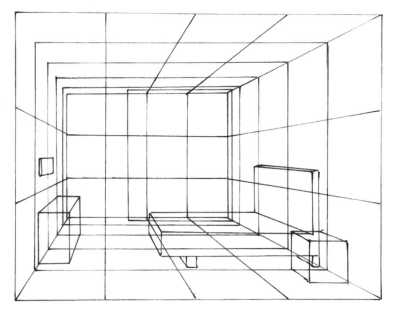

冯泽辉

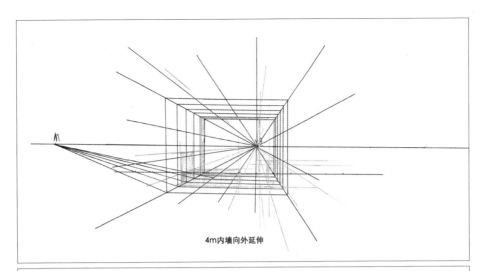

4m内墙向外延伸

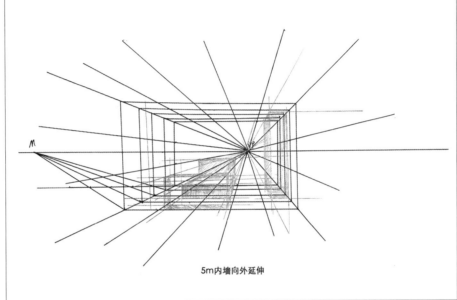

5m内墙向外延伸

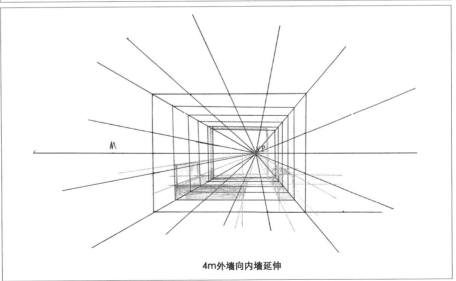

4m外墙向内墙延伸

吴炫泰

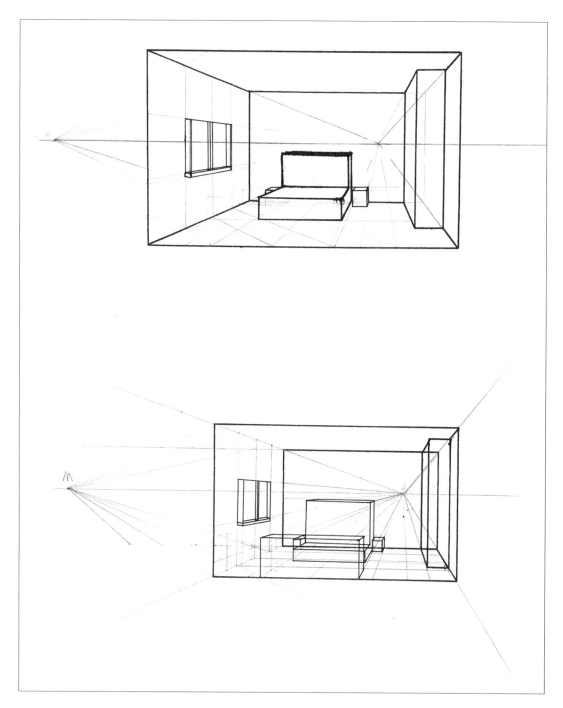

邓佳

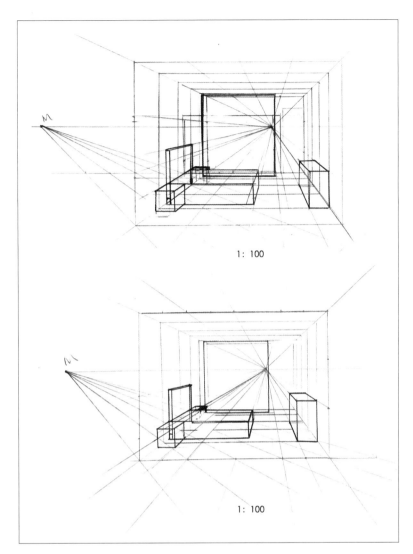

1: 100

1: 100

陈丽琼

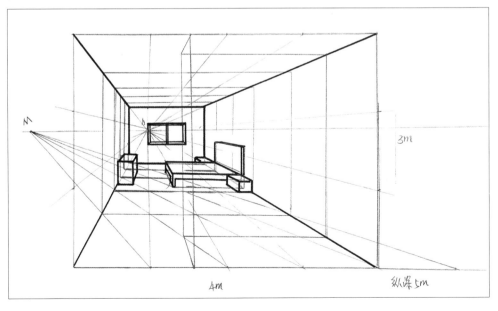

3m

4m

纵深5m

黄舒悦

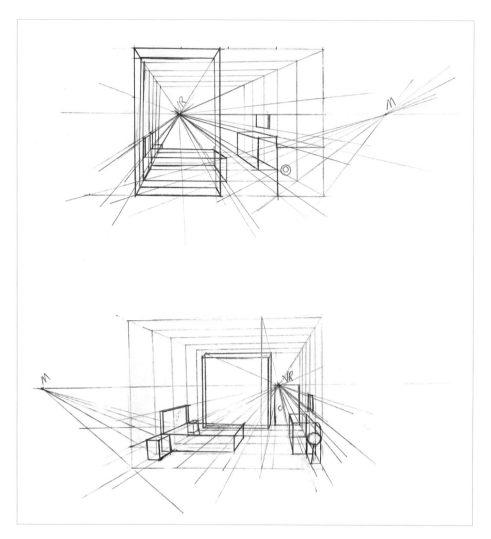

肖薇

佘丹彤

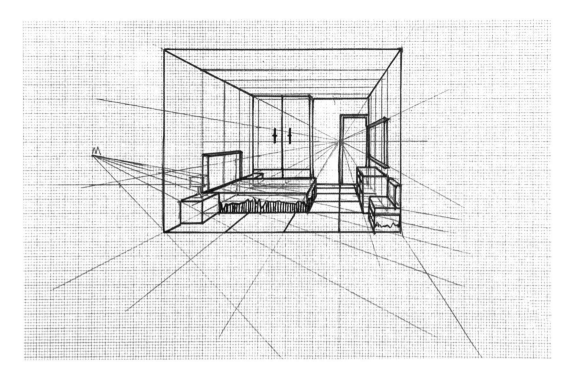

张馨文

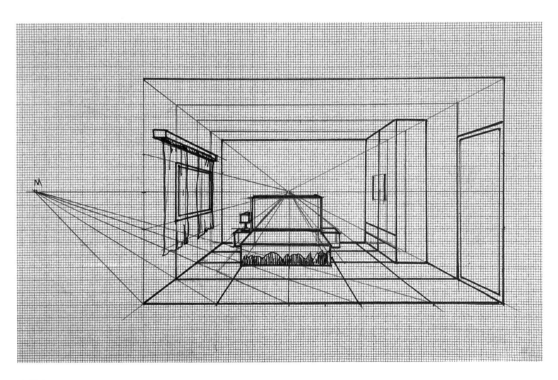

张馨文

陆丽 临摹

虞佳佳 临摹

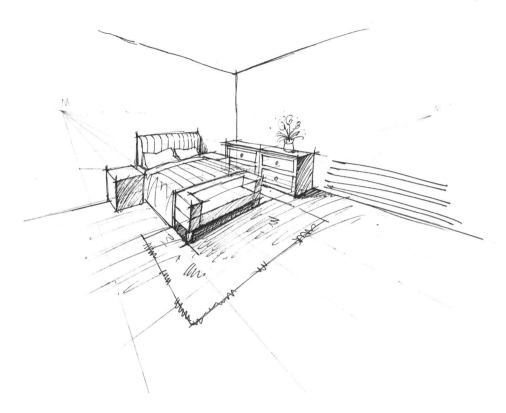

武乐乐

王睿涵

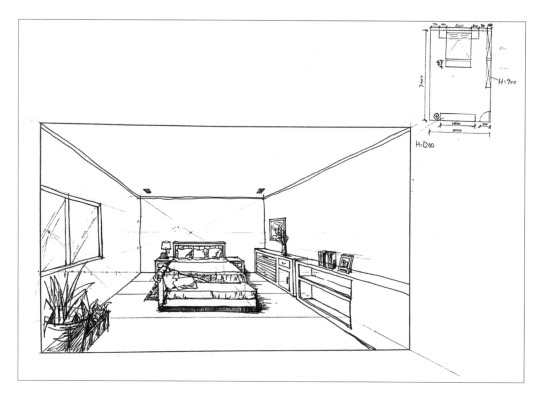

崔琦

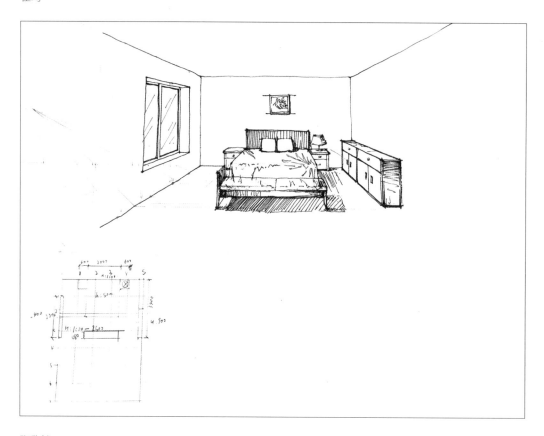

张欣然

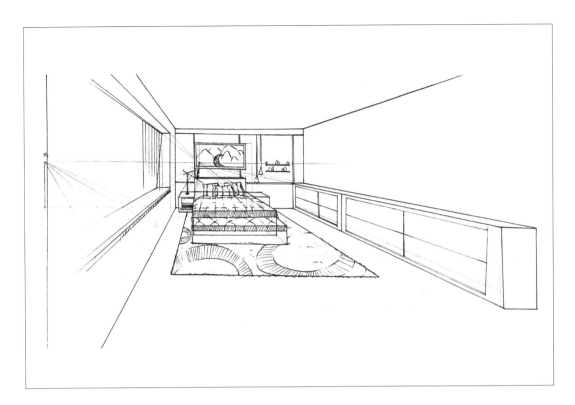

郭沛颉

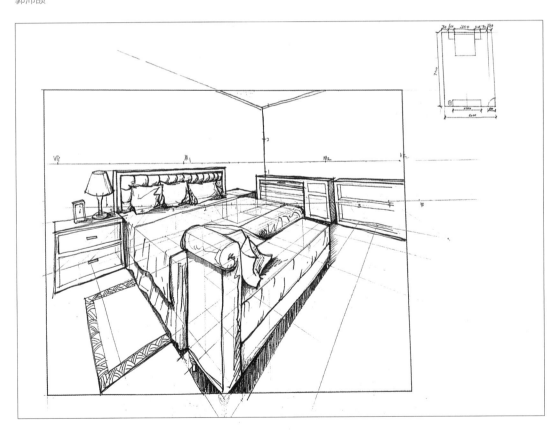

崔琦

# CHAPTER 3

第三章

## 由简入繁——小品练习技法

介绍▾

　　这一章的内容将围绕手绘表现技法中的小品设计。无论是建筑小品、室内小品还是景观小品都是构成整体空间的基本元素，且形式多样，种类繁多，可以通过选择不同风格、材质和色彩的小品来渲染空间的氛围和情感。

　　设计者可以基于个人的兴趣和专业，自由选择合适的学习内容。在学习整体空间效果图的绘制之前，应多练习不同类型的小品，循序渐进，把握其结构与透视关系，使空间富有变化，为之后表现整体空间效果夯实基础。

开场白视频

## 一、室内小品练习

室内小品是室内空间的重要组成部分，在绘制过程中需要观察、分析各种室内设计的风格，掌握物体之间的结构关系、光影关系以及不同材料的质感。由于室内空间设计结构较复杂，可以将室内空间的结构概括为简单的基本元素，注重透视关系和物体重叠后的前后层次感。在此阶段，学习者应多加练习，积累素材，为后面的方案表达提供灵感和支持，更好地展示不同设计风格，呈现不同设计理念的作品。

### 1. 沙发类

在沙发类小品的绘制中首先要把握沙发的风格、尺寸与比例，先整体概括，后局部刻画。沙发通常给人以舒适柔软的感受，因此在绘制时，需要使用有一定弧度的、有松弛感的线条，同时控制用笔的轻重、线条的疏密变化，区分沙发的材质，使画面更加饱满生动。

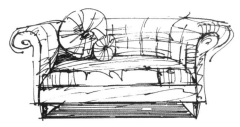

### 2. 椅子类

椅子有很多的种类和样式，是公共空间、私密空间中必不可少的设施，其形体的结构相对复杂，椅背、坐垫、椅腿等结构的衔接、穿插都要刻画得清晰准确，并注意把握好整体的透视结构。

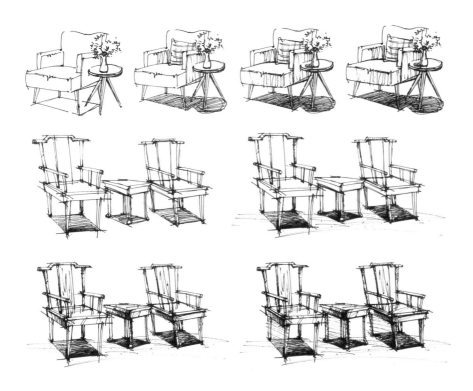

### 3. 餐桌椅类

餐桌椅类的小品一般出现在餐饮空间效果图中，它的画法相对复杂，在绘制过程中要注意概括其形体、桌椅摆放的前后位置及透视关系。

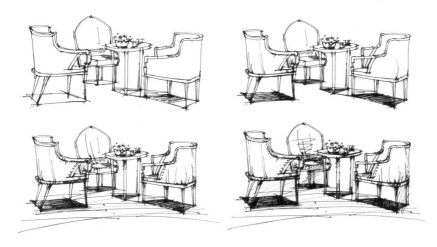

### 4. 床品类

床是家居卧室空间的重要家具，通常作为卧室效果图的视觉中心出现，需要重点刻画。床的造型和样式有许多，床上织物也有许多不同的质感和纹理，在刻画时需要加以区分，运用生动灵活的线条表现床罩、枕头的柔软质感，同时也可增加抱枕、玩偶等，营造卧室空间的舒适氛围。

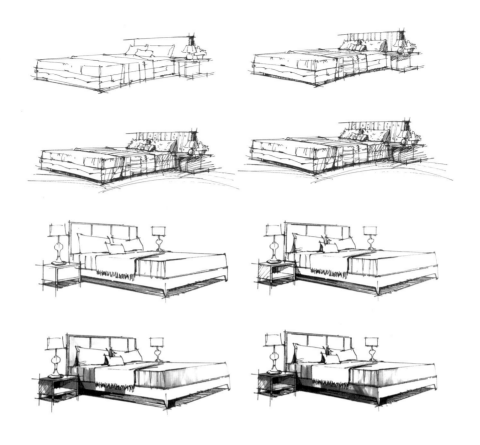

## 二、陈设类小品练习

陈设品是烘托空间氛围的关键。通过搭配不同造型、纹样的陈设品，表现不同的设计风格，优化整体空间的舒适感。手绘时须注意陈设品之间的透视比例关系，表现不同材质的质感，营造出生动而真实的视觉效果，使人们能够充分感受整体空间。

### 1. 靠垫类

靠垫是室内空间中作为点缀的重要物品，材质多是海绵、羽绒、泡沫球等，质感蓬松。因此，在绘制时应观察靠垫的褶皱起伏，刻画时线条多为弧线，同时注意处理靠垫的前后叠盖关系。

## 2. 灯具类

灯具的种类繁多，样式各异，在刻画时要重点表现灯具的风格和装饰纹理，运用流畅自然的线条，呈现形态的美感。

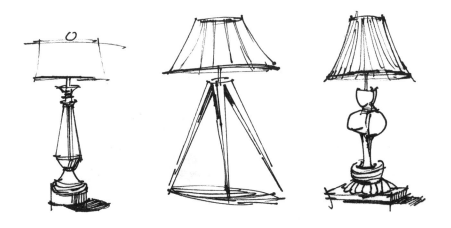

## 3. 花瓶、相框类

花瓶

相框

## 三、景观小品练习

景观小品是景观环境中的重要构成要素，植物类别主要为灌木、乔木、盆栽、水生植物等，根据其自然生长特性，在刻画时，线条要轻松灵活。植物叶片应当概括成几何体，例如球体、立方体；应当处理好局部的体积关系，分清亮、灰、暗面，为画面带来深度和层次感。景观小品的选择和布局可以与主题或空间的整体氛围相呼应，为画面注入活力。

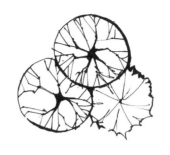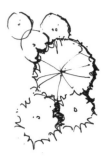

平面树

石头

树

## 四、表现技法步骤图

　　室内空间设计中的家具、陈设品、景观配景能够丰富整体的空间层次并凸显空间质感。在绘制的过程中要仔细观察，掌握各部分之间的空间结构关系，抓住它们的主要特征，快速且准确地绘制出来。在绘制过程中，要敢于脱离辅助工具，以更自由、更直接的方式进行快速手绘创作，展现个人风格和技巧，培养观察力和手绘技能。

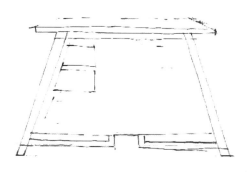

步骤1：对所画物体进行初步的几何分析和概括，大致勾画几何轮廓，注意物体的透视关系，整体比例要协调。

步骤2：初步刻画光影关系，突出物体的形状和轮廓。注意线条的轻重虚实，不拖泥带水。

步骤3：对物体进行细致深入的刻画，加深明暗关系，表现光影变化，突出家具的立体感和质感，使其更生动。

步骤4：深入刻画光影关系以及小品细节，表现柜子质感，添加小品中的装饰陈列品，营造氛围。调整画面，使其更加逼真、有吸引力。

单线表现技法
视频（一）

## 教学要求

1. 选择A3纸进行绘制，合理构图。
2. 临摹优秀小品，在临摹过程中，练习笔触，学习透视以及其他小品的表现形式。
3. 写生小品练习，要求小品透视结构合理、准确，点、线、面结合，画面构成丰富且主次分明，整体表现力强。

## 思考练习

1. 选择优秀小品进行临摹，注意控制笔触，区分材质。在1张A3纸上绘制6个左右的小品，并按标准绘制图名框，图名框中字体要求为宋体，包含学号、姓名、班级、指导老师等。
2. 写生室内小品或室外景观小品6个左右，绘于A3纸上，并按标准绘制图名框。准确概括形体的外轮廓，注意透视关系、材质区别、光影关系。

## 五、学生作品欣赏

　　绘制时通常在钢笔线稿的基础上，使用马克笔上色。马克笔多用来表现空间的整体关系，也能够突出空间中物体的质感与体积感。上色时先注重把握小品的大色调，从整体出发，大面积地快速铺设主色调，再逐步叠加，铺固有色，刻画细节。注意物体的亮面要做留白处理，使画面有透气感。

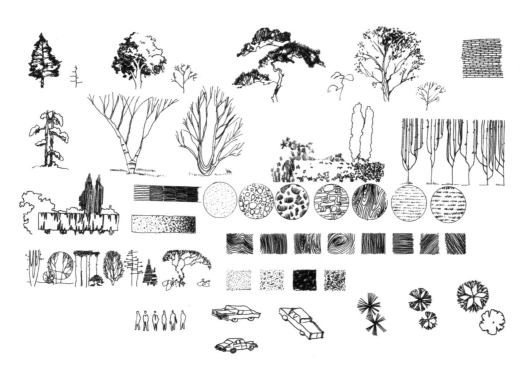

高政庭　临摹

蔡真言　临摹

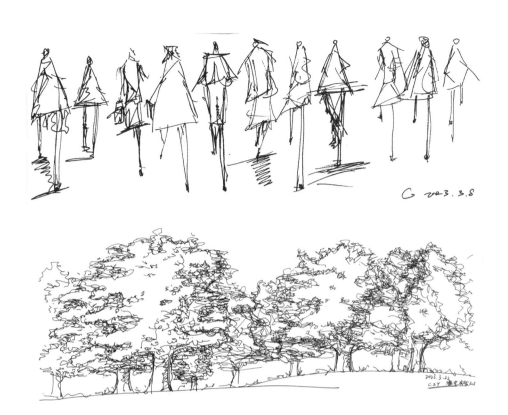

蔡响 临摹

朱佳琦 临摹

邓鸿媛 临摹

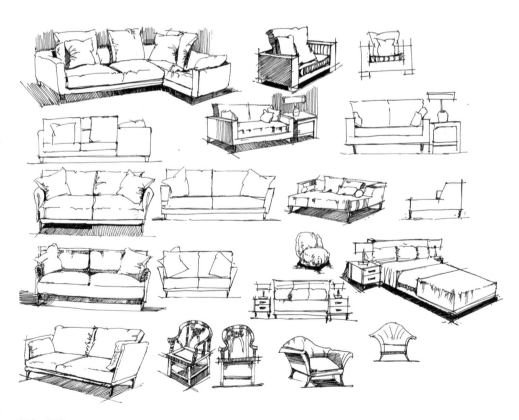

蒋淼 临摹

张一 临摹

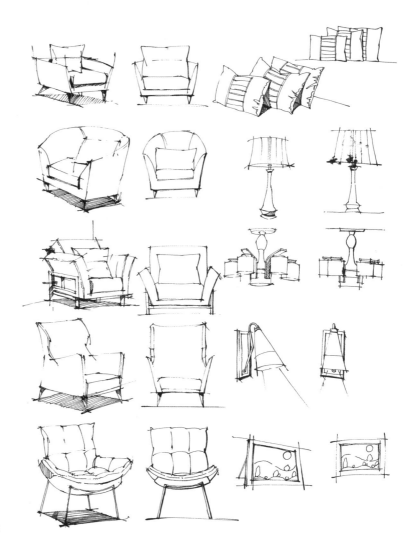

邢紫瑶 临摹

唐川云 临摹

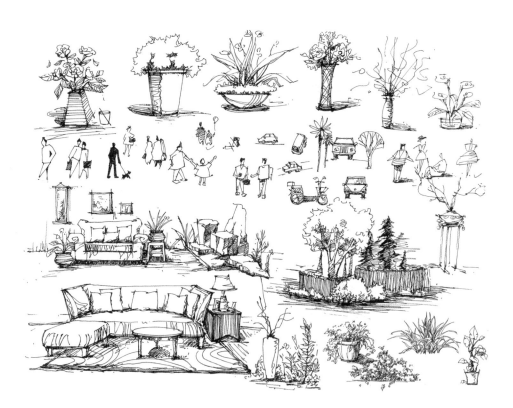

张欣然 临摹

唐川云 临摹

徐鸣 临摹

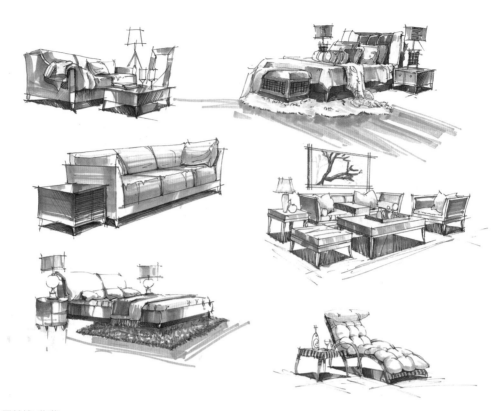

屠慧楠  临摹

周梦欣  临摹

周梦欣 临摹

屠慧楠 写生

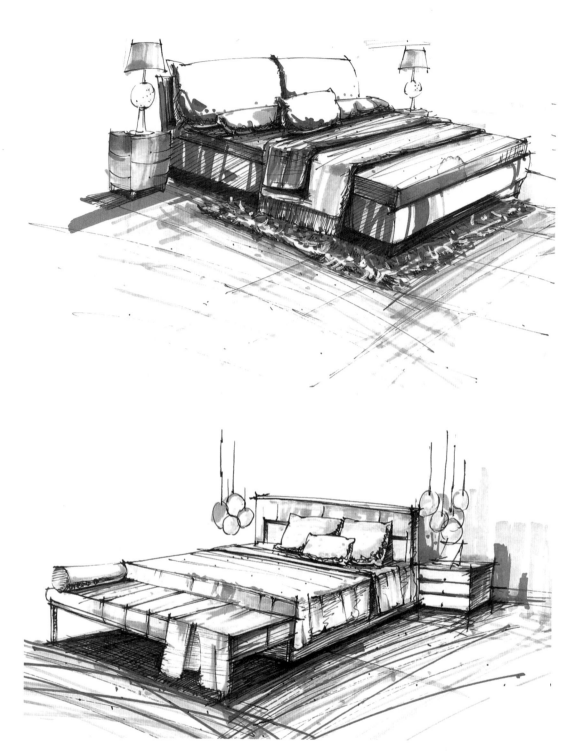

付雪雪　临摹

陈泽昊 临摹

杨紫珊 临摹

丁嘉浩 临摹

何凡 临摹

肖艳萍 临摹

张思衡 临摹

杨紫珊 临摹

介绍▾

　　单线表现技法是一种有着丰富表现力的手绘形式，也是手绘表现的基础技巧。其绘画工具携带方便，兼具干净、利落的表现特点，设计者可以通过使用不同的绘画工具快速表现出建筑、景观以及室内的空间结构关系，有效地表达设计师的情感。

　　从表现形式上看，单线表现技法能够通过各种表达形式，对画面的进深空间关系、空间光影关系、空间结构与质感关系等运用点、线等多变的笔触进行刻画，从而丰富画面。单线表现技法可以创造出对比强烈的视觉冲击力和层次分明的空间视觉感。这种技法可以使画面更加生动、立体，并引人注目，带给人奔放、精细、独特和严谨等的不同感受。

## 一、使用工具

### 1. 针管笔

针管笔笔尖粗细不同，便于绘制不同的线条，主要为0.13～2.00mm。市面上的针管笔分为两种：一次性式和注墨水式。注墨水的针管笔可循环使用。两种笔的手感不同。

### 2. 纸张

打印纸、速写纸、卡纸、素描纸都可以作为单线绘图纸。常见纸张克重有70g、80g、100g、120g、180g、200g、300g等，克数越大，纸张越厚。在不同的纸上绘制会产生不同的画面效果。

### 3. 墨水

选用遇水不晕染的墨水，可以方便之后着色。常用颜色以黑色为主，根据不同需求还有咖啡色、蓝黑色等。

### 4. 弯头钢笔

弯头钢笔特殊的倾斜笔头能画出粗细不一的线条，把笔尖卧下能画出宽厚的线条，适合呈现线面结合的画面效果。

### 5. 辅助用尺

辅助用尺主要有直尺、比例尺、三角板和平行尺，画长直线条时可使用尺子辅助。

### 6. 绘图钢笔

绘图钢笔笔尖主要分为F、M、FM、EF、SF，钢笔画出的线条相较于针管笔更加硬朗，有力量感。

## 二、表现技法内容

单线表现技法
视频（二）

### 1. 线条练习

线条练习奠定了学生在表现手绘效果图时的基本能力。可以通过用手控制压力和角度来控制笔触的粗细、宽度和韵律感，熟练运笔能够在空间中表现光影关系、不同材质质感，从而创造出丰富多样的视觉效果。运笔的速度、方向和力度是练习笔触的三个要素，需要相互平衡。因此，需要练习各方向的运笔。运笔的速度和力度都要适中，手要保持平稳，保证线条流畅、自然，达到练习目的与效果。

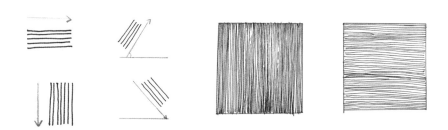

### 2. 线型表现形式

手绘表现设计空间的方式主要是以单线为主，为了更好地表现空间的结构以及物体的质感，线条需要由实到虚，由粗到细，线形均匀浓厚，虚实相间，曲直相依。

建筑、景观与室内空间仅用直线表达往往是不够的，更需要运用曲线和折线表现其动感和质感。因此在练习曲线和折线的过程中，运笔需要更加灵活多变，可尝试练习中锋、侧锋用笔，注意观察不同运笔方式表现的不同画面效果，画线时要"松""柔""坚""挺"，并代入自己的情绪感受，赋予线条情感，这样才能使线条看起来活泼，空间更有灵动感。

### 3. 线面结合表现形式

单线表现技法中线面结合的表现手法，是常用手绘技法之一。这类手绘形式在表现时应自然生动，具有节奏感。线面结合可以表现画面的空间感和体积感，达到黑白对比的强烈视觉效果。不同线型的线条能够深入刻画空间细节，生动地抓住空间特征。在表现空间的结构关系时，采用线面结合的手法可以使画面生动活泼、层次丰富。

### 4. 明暗的表现形式

这种表现手法是指对点、线进行一定规律的排列，组合成明暗色调的渐变效果。线条排列的方式多种多样，通过不同的排列形式，可以表现空间的明暗关系，凸显空间结构。这种表现手法对局部的表现效果更好，便于细致地刻画建筑、景观及室内空间。

### 5. 线条表现的肌理材质变化

对于建筑、景观、室内空间，我们在绘制的过程中，都需要表现其质感。学习者要先观察、思考所要表达的空间、材质特点，再根据不同绘画工具运用不同的笔触，找出最佳的表现方法，运用疏密不同的线条、点线面的有机结合，创作不同的肌理效果，突出材质的质感，这样才能准确生动地展现空间感。

例如，在表现材质中，微曲线可以表现木纹，垂直线多用于表示纵向立体感的肌理，点配合其他线条变化使用可以从细节处表现出不同材料的肌理、质感。

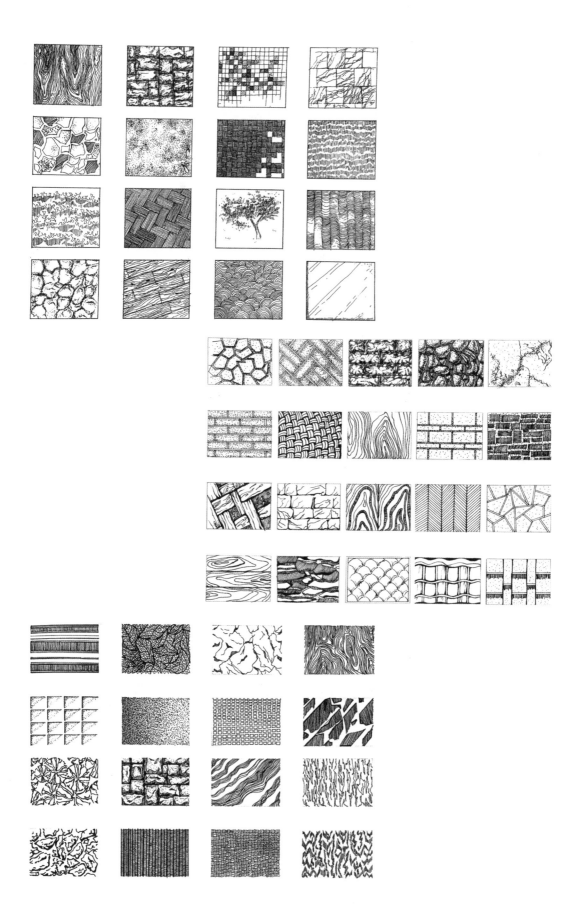

## 教学要求

1. 选择A3纸进行绘制。
2. 运用单线表现技法对不同材质的肌理进行刻画，要求细腻生动，表现力强。
3. 临摹建筑、景观或室内空间的优秀作品，注意线条的灵动感，体会张弛有度的绘画感受。
4. 对生活中的建筑、景观或室内空间进行写生，注意表现线条的粗细曲直，以及空间的结构、明暗关系，可以将点、线、面结合起来进行构成练习。

## 思考练习

1. 材质练习：利用单色钢笔或针管笔用单线表现技法来表现不同材质，例如木材、砖石、玻璃、编织材料等。绘于A3纸上，每种材质画在1个4cm×4cm或5cm×5cm的正方形内，合理安排画面布局，并按要求绘制图名框，图名框中字体要求为宋体，内容包含学号、姓名、班级、指导老师等。
2. 临摹练习：临摹优秀单线技法作品1幅，可以是建筑空间，也可以是景观空间或室内空间，绘制在A3图纸上，注意控制线条的变化、材质的表现，以及光影关系。
3. 写生练习：在临摹练习的基础上，学生可以自由选择生活中的场景进行写生练习，绘于A3纸上，把握构图和透视关系，注意不同线型的运用，区分空间内物体的材质，凸显空间的结构及质感。

# 三、单线临摹分析

王利荣　临摹

原图选自柴海利，《最新国外建筑钢笔画技法》

　　临摹作品主要是对透视关系、材质表达、建筑特色等方面的分析和凝练，利用钢笔、针管笔等表现工具，用点线面结合的表现方式，表达建筑空间的结构、材质，也应结合不同笔触的使用，加强画面空间感和明暗关系、虚实关系，增加画面层次感。

# 四、学生作品欣赏

陈泽昊 临摹

黎徐诺 临摹

周梦欣 临摹

付雪雪 临摹

徐畅 临摹

王利荣 临摹

赵迎莉 临摹

徐畅 临摹

何沁阳 临摹

杨紫珊 临摹

杨子昕 临摹

孙绎然 临摹

张欣怡 临摹

丁嘉浩 临摹

何沁阳 写生

黎徐诺 写生

屠慧楠 写生

黎徐诺 写生

杨紫珊 写生

# CHAPTER 5

## 第五章

## 潇洒一回——马克笔表现技法

介绍▾

　　马克笔表现技法是手绘表现中出图最快速、应用最广泛的表现形式。在特征上，马克笔表现技法用直接、干脆的表达语言带来充满秩序美的空间画面效果，其色彩层次鲜明、便于携带的特点备受设计者的青睐。表现形式上，马克笔在运用过程中侧重于快速、即兴的表达，将设计者的设计概念、理念、元素、风格通过洒脱及个性鲜明的形式呈现。技法上，马克笔绘图时用笔的轻重缓急，行笔时笔触衔接的干脆利落，结合着表达者的气息、意念为画面效果增加肆意奔放的或严谨放松的美感，颜色在过渡时一般遵循由浅到深的原则，画面会产生微妙的色彩变化。马克笔手绘技法更适用于简洁、明快、结构明朗的建筑景观及室内外场景的表现，能够为画面渲染出利朗、灵活、通透的氛围，传达设计者的设计意图，表达设计者丰富饱满的情感。

## 一、使用工具

马克笔是手绘表现的重要绘图工具，它既可以快速表达设计概念，又能够使画面效果极具表现力。我们常见的马克笔有单头与双头、粗头与细头、硬头与软头之分，笔尖分为圆头、尖头、斜头、平头等几种形状，在绘图时，通常利用笔头的变换及颜色的叠加来表现整体效果。最常用的马克笔可分为油性和水性两种，根据设计者对设计（写生）空间概念的理解及想要呈现的效果，可结合其他着色工具绘图。马克笔手绘时有多种不同的纸张可供选择，如：普通打印纸在初学时运用较多；水色纸相对较厚，纸的纹理使得画面层次丰富；马克纸表面平滑，能够更好地显示出画面的色彩层次与效果；素描纸较粗糙，能够增强画面肌理感。设计者可根据具体需求对纸张进行选择。

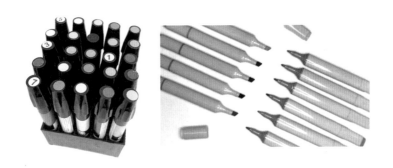

### 1. 油性马克笔

油性马克笔在手绘表现中最为常用，有挥发快、叠色效果好、色彩柔和、高透明、饱和度高、层次丰富等特点。

### 2. 水性马克笔

水性马克笔的颜色较通透，与水彩笔绘图效果相似，但笔头略有不同。绘制出的色彩比较鲜艳，笔触较为清晰，纯度较高，但多次叠加之后颜色会浑浊暗淡，多次重复叠加修改易造成画面颜色变脏，所以水性马克笔在绘图时宜一次性完成上色。

### 3. 普通打印纸

学习前期需要进行大量的练习，普通打印纸不仅能够清晰地展现出色彩的倾向，还能节约成本。打印纸的克数有 70 ～ 120g，大小一般分为 A2、A3、A4、B4、B5 等规格。在练习过程中，可根据自己的需求进行选择。

### 4. 水色纸

吸水性较好的水色纸能够保留画面色泽，绘图一般选择 150 ～ 300g 的较厚纸张为宜，纸面重复涂抹、修改不易破损。根据成分来区分，其又分为棉质纸和麻质纸。根据表面粗细程度区分，分别有粗面、细面、滑面。马克笔在不同的纸面上展示出的效果也有所不同，设计者可根据需求选择水色纸。

### 5. 马克纸

马克纸纸面较平滑，更加适合表现马克笔的平铺、叠加、晕染等技法，颜色不容易扩散，同时也不会对马克笔的笔头造成损伤，可以更好地展示色彩效果。在绘图时可根据需求选择不同尺寸（A2、A3、A4、B4、B5）及克重（120g、140g、160g）的马克纸。

### 6. 素描纸

素描纸纸张较厚，使用中一般将表面纹理较多、较粗糙的一面作为正面，能够增强画面肌理感。根据需求也可选择较为光滑的一面进行绘制。

不同类型马克笔在不同纸张上的表现效果如下。

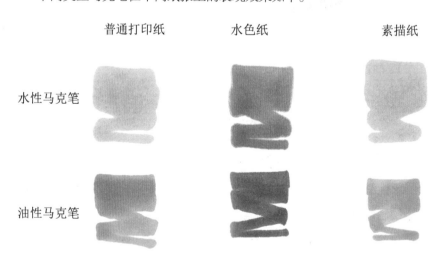

## 二、马克笔笔法

### 马克笔线条的绘制技巧

（1）铺色用笔时要大胆果断，气定神闲、干脆、利落，节点力度要均匀，线条保持平稳。注重起笔实、运笔畅、收笔稳、靠线齐、叠色薄等几个要素。

（2）叠加笔触时，合理改变落笔角度，注重其间的衔接与排列，将点、线、面相结合，强调整体而弱化细节对比，同时注意笔触的美感。

（3）绘制时注意留白处理，忌画面过满，颜色不透气。

（4）马克笔线条绘制时要有对比关系，如粗细排线、渐进线型、冷暖色彩等。

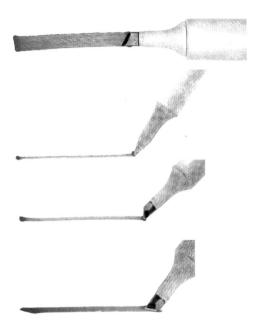

笔法一：马克笔宽头的棱线清晰完整，绘制出的笔触边缘线明显。

笔法二：马克笔的细头较尖，可以用于刻画细节或渐进空间关系。

笔法三：马克笔的侧锋可以画出纤细的线条、但力度大线条会粗一些，具有灵动有序的感觉。

笔法四：马克笔的笔头可灵活使用，稍加提笔就可以让线条变细，有气定神闲的效果。

笔法五：灵活运用马克笔笔头的各个棱面，可绘制不同的线条效果。

## 三、马克笔笔触

### 1. 单行摆笔笔触特点

马克笔摆笔适用于大面积平铺及需要体现虚实的部分，通过重复排列笔触的形式进行铺色。摆笔笔触在马克笔表现中是一种较为常用的笔触，可以做到块面完整，具有较强的整体感。通过马克笔运笔的力度及叠加次数，使颜色在画面内产生微妙变化，结合随意、自然的排列形式及由紧到松的过渡笔触，做到"持笔恭、放笔松、线条流畅"，使画面产生渐变的效果，从而表现空间的虚实变化。

马克笔行笔
视频

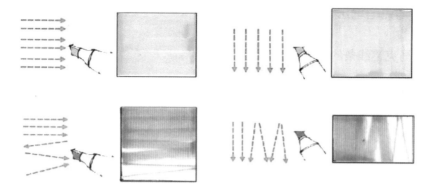

单行摆笔练习方法：马克笔在运笔过程中要均匀用力，一气呵成，流畅连贯，笔触的排列要快、直、稳。

## 2. 斜摆笔触特点

斜摆笔触一般用于透视画面中，在画面产生交叉的位置运用斜摆笔触，把握好斜摆笔触的技巧，能够避免在透视的画面中留下笔的边线。斜摆笔触不仅助于有效表达透视关系，还可以与单行摆笔技法相融合，更好地体现空间关系。

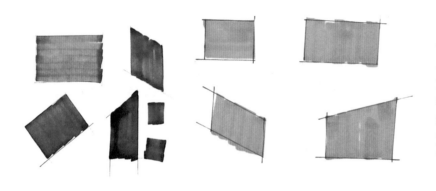

斜摆笔触的练习方法：采用对不规则形的上色作为练习，注意边角和马克笔笔头形成平行角度（用笔的角度选择很重要，主要运用马克笔的棱边进行绘制），可以减少锯齿状的出现。

## 3. 堆笔带点笔触特点

马克笔表现技法中，有时在来回多次叠加摆笔之后，会在周围增加堆笔带点笔触，能够增加层次感，但为避免凌乱、琐碎，破坏整体画面，在整体画面中不易过多出现，适合局部采用，增加生动感。堆笔带点笔触通常运用于植物、草地、天空及室内的软质材料的绘制。

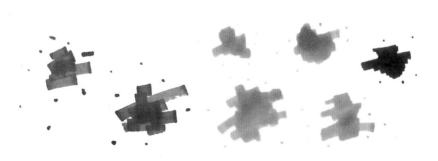

堆笔笔触的练习方法：采用对不规则形的错落有致的叠加作为练习，短平快的笔触堆叠形成的前后空间关系，再加入点来配合透视，形成有序的但又带有一些灵动感的创新笔法。

## 四、马克笔的叠加技巧

颜色叠加一般分为三种。

马克笔表现技法视频

### 1. 同色叠加

选择同种色相、不同明度的马克笔，由浅至深叠加上色，在前一层颜色未干时，运用明度略深的马克笔进行层层递进的着色晕染。反复叠色能够产生微妙的色彩变化，形成自然糅合的渐变效果。

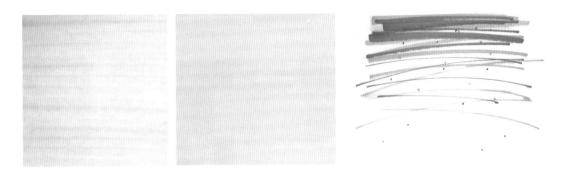

### 2. 同色系叠加

选取同一色系的马克笔，根据其明度和纯度的变化进行规律叠加，颜色自然过渡，可以做出明晰的渐变效果。

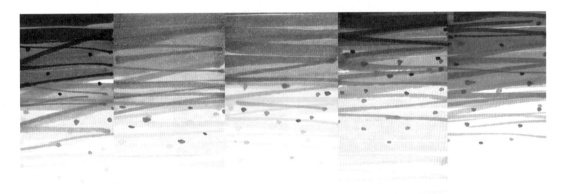

### 3. 多色叠加

根据需求选择多种颜色的马克笔，不同颜色叠加时会产生新的色彩效果。相互叠加可以使色彩层次丰富，但要注意色彩不宜过多，否则颜色将变灰、显脏。一般叠加之后会增加颜色的灰度使画面层次感更分明。

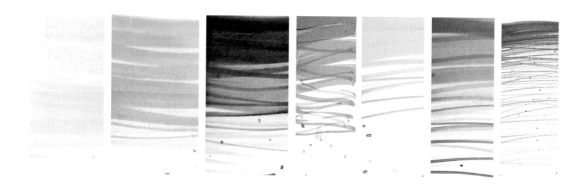

叠色示范：

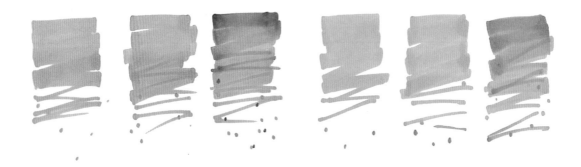

行笔示范：

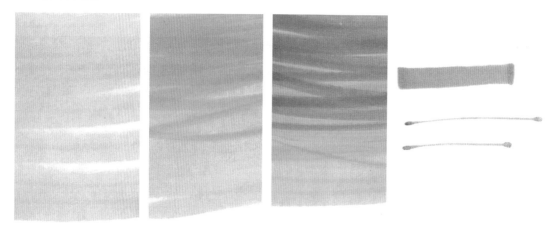

## 五、马克笔色卡

在学习马克笔手绘技法前，需对马克笔的特性进行掌握，可以通过制作色卡来熟悉马克笔的颜色，辨别其在不同纸张上所呈现的颜色效果，并且根据色相由深入浅、由冷到暖排色。通过这样的练习熟悉每个色号和色号之间的关系（不同马克笔标号不同），以便在绘图时快速拿取所需要的色号。

在熟悉色卡后，可根据自己的常用色进行筛选，制作一张更简洁的常用色色卡。根据所画场景不同，可选择黑白灰、由浅到深3—5级色号的画笔。

# 六、表现技法示范步骤图

## 1. 茶几表现步骤图

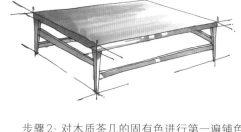

步骤1：绘制茶几线稿时，注意茶几的透视、结构、光影、前后遮挡关系，把握茶几的形态及材质纹理，根据需求适当夸张边檐的厚度，以表现出木质茶几桌面厚重的视觉效果。

步骤2：对木质茶几的固有色进行第一遍铺色。由左至右运用斜摆笔触更好地表现茶几透视，笔触干脆、利落，同色系颜色由浅至深绘制，增加画面整体性。

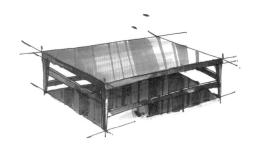

步骤3：第二遍上色主要刻画茶几暗部，注意茶几腿的前后透视关系，对茶几的结构进行刻画，可以运用同色系叠色的方式明确空间的虚实关系，用摆笔和斜摆笔的技法表现投影的层次感和透气感。

步骤4：最后进入调整阶段，使用高光笔画出茶几与地面上的高光线。茶几近处的边檐使用高光笔刻画，使茶几更有光感，但高光也不宜过多，如地面要减少高光的出现，否则会破坏画面整体性。

## 2. 边柜表现步骤图

步骤1：绘制边柜结构和柜面上陈列的装饰物线稿，注意透视关系，丰富线稿的画面细节。

步骤2：运用摆笔的笔触进行大面积铺色，注意颜色搭配的相互协调，运用笔触的宽窄变化表现画面层次感。

步骤3：加深明暗转折处，强化光影关系，行笔需平稳有力，注意前后空间关系。

步骤4：总体协调画面，深入塑造物体，将多种笔法结合使用，丰富画面层次感，运用高光笔刻画高光结构，使物体结构清晰，空间关系更加饱满。

### 3. 沙发表现步骤图

步骤1：把握透视关系，绘制沙发结构形态，绘制沙发光影关系，在明暗转折处及暗面部分用钢笔绘制线稿。

步骤2：运用马克笔设色，定下沙发的整体色调，表现沙发形体的明暗关系，注意画面的整体效果。

步骤3：加强明暗对比关系，采用由紧到松的运笔方式表现渐变关系，明确沙发与抱枕的前后空间关系，增加画面层次感。

步骤4：最后调整画面整体效果，在画面中增加行笔笔触，表现空间进深及透视，调整画面细节处的光影关系，增加带点笔触，营造沙发软质材质的质感。

## 教学要求

1. 自主选择 A3 纸张，对马克笔各类笔触进行练习。
2. 自主选择 A3 纸张，对马克笔叠色技法进行练习。
3. 熟悉马克笔特性，用所购买的马克笔制作色卡。
4. 在对马克笔笔触及叠色技法进行练习后，根据所学专业自行选择一幅建筑、景观或室内空间优秀作品进行临摹。要求绘制于 A3 纸上，透视准确、结构清晰、用笔大胆，画面生动具有表现力。
5. 在熟练掌握马克笔笔触及叠色技法，并临摹学习优秀作品后，选择 A3 纸张，根据所学专业自主取景（建筑、景观、室内空间均可）进行写生练习。要求构图合理、透视准确、用笔用色得当，充分表达设计者的情感色彩。

## 思考练习

1. 临摹练习：根据所学专业选择优秀马克笔表现作品进行临摹，绘于 A3 纸上，标注日期及临摹作品来源。
2. 写生练习：根据所学专业对建筑、景观或室内空间场景进行写生练习，注意透视关系、单线表现技法运用、马克笔多种表现技法的使用，绘于 A3 纸上，标注日期及场景写生来源。

## 七、马克笔临摹分析

陶艾禹然 临摹

原图选自周雪,《室内手绘
进阶三部曲基础篇》

## 室内空间

  该学生在对临摹作品的透视关系、材质表达、室内空间结构等方面的分析与总结基础
上,使用马克笔对一点透视室内空间进行临摹,画面中结合运用单色叠加、同色系叠加、摆
笔、斜摆、堆笔带点等上色及笔触技法,对空间结构刻画清晰,透视、虚实、前后空间关系
准确,对画面空间色彩层次、材质的表现较好。该学生对画面所表达出的清新通透表现较
好,整体感强,用笔如果能再灵活大胆、运笔更洒脱一些,氛围营造则会更好一些。

杨紫珊 临摹

原图选自杜健、
吕律谱、蒋柯
夫,《景观设计手
绘与思维表达》

## 景观空间

　　该学生在对原作线稿分析和总结的基础上,将自己对画面的理解与情感融于画面。他将
丰富的单线稿与各种笔触及着色方式结合,使画面立体饱满、层次感强、色调清新。

# 八、学生作品欣赏

## 室内手绘图

周梦欣 临摹

张欣怡 临摹

屠慧楠 临摹

孙绎然 临摹

刘晓风 临摹

隆艳琼 临摹

付雪雪 临摹

赵迎莉 临摹

隆艳琼 临摹

张一 临摹

陶艾禹然 临摹

梁家璐 临摹

朱晓雨 临摹

邓鸿媛　临摹

徐鸣　临摹

陈蜜 写生

陈蜜 写生

陈蜜 写生

周梦欣 写生

周梦欣 写生

周梦欣 写生

周梦欣 写生

周梦欣 写生

杨子昕 写生

付雪雪 写生

汤也宁 写生

王利容 写生

孙绎然 写生

屠慧楠 写生

徐鸣 写生

徐依诺 写生

辛欣 写生

蒋淼 写生

徐依诺 写生

徐鸣 写生

朱晓雨 写生

张一 写生

徐鸣 写生

徐鸣 写生

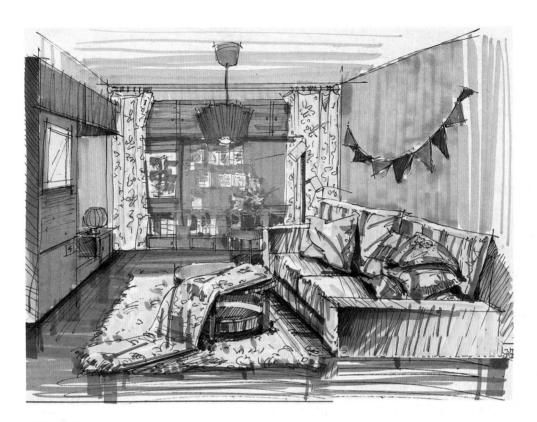

邓鸿缘 写生

张一 写生

# 景观手绘图

杨紫珊 临摹

肖艳萍　临摹

何凡　临摹

伍妍婕　临摹

黎徐诺　临摹

杨紫珊 写生

何沁阳 写生

陈泽昊 写生

何沁阳 写生

田羽 写生

# CHAPTER 6

第六章

丝丝精巧——彩铅表现技法

介绍▾

　　彩铅能呈现出细腻的表现效果，相较于其他工具而言，彩铅的铅芯质地较软，易上色，方便修改，呈现出的色调通常更加柔和自然，整体画面色调协调，不会过于刺眼或过于夸张。从视觉效果上看，这种效果让人感觉舒适、平静，营造出一种温馨的氛围。

　　不同的彩色铅笔可以通过不同技法表现不同效果，创造出丰富的色彩层次和立体感。彩铅易于刻画细节，能够清晰地展现空间的关系、材质、结构、细腻的软装关系等方面，更好地传达设计理念与思路，创造出丰富独特的画面风格。

## 一、使用工具

彩铅对于初学者来说相对容易掌握，可根据笔芯成分分为水溶性彩铅和油性彩铅。水溶性彩铅适用范围更广泛，色彩比较丰富，易于修改，但多次修改会磨损纸张，应尽量避免涂改，从而达到理想效果。

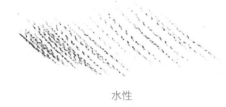

油性

### 1. 油性彩铅

油性彩铅铅芯质地较硬，不溶于水，但笔触较为细腻。油性彩铅的颜色较淡，易于叠色，也便于修改或调整，但在叠色过程中要注意叠加次数，叠加过多容易出现打滑、反光等问题。所以用力不可过大，也不可太轻，要一层层地上色。

水性

### 2. 水溶性彩铅

水溶性彩铅能够与水融合（不同于油性彩铅），用水色笔蘸水将颜色晕染开，能够形成半透明的画面效果。进行多色叠涂后，也可加水晕染，呈现出水色的效果，画面更加柔和，具有丰富的表现力，给人一种清新自然的感觉。

## 二、彩铅使用技巧

彩铅工具使用
方法视频

把彩铅笔头削成宽扁形，易于表现更加丰富灵活的笔触，刻画不同的空间，在绘图时不仅可以令画面更加细腻，还可以让手绘效果更加细致和立体，提高绘图效果。

## 三、制作彩铅色卡

在绘制前，需要制作彩铅色卡。在不同的纸张上、光源下，彩铅的颜色也会稍有不同。在制作过程中，能够熟悉彩铅色彩，辨别彩铅在纸张上的颜色效果，根据颜色快速选择色号，避免在择笔上花费过多时间。

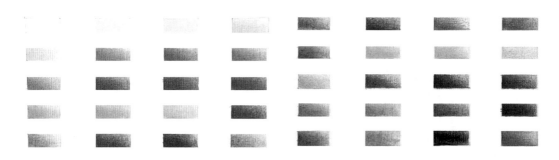

## 四、彩铅握笔方式

彩铅行笔技法
视频

第一种：沿用铅笔的握笔姿势。大拇指与食指距离笔头一定距离，手握在笔杆中部，这种握笔方式自然舒适，操控灵活，适合大多数人使用。但需要注意控制用笔的力度、方向，避免笔尖折断。

第二种：立握姿势。将彩铅与纸以近乎垂直的角度绘图，可以减少笔头磨损，同时能够将彩铅的笔触清晰地展现出来，绘制出精锐的线条。

第三种：素描的握笔姿势。这种握笔姿势使笔杆各部分受力均匀，适用于大面积均匀设色，但不适用于画面细节的刻画。

## 五、彩铅表现技法

### 1. 单色叠加

彩铅表现技法
视频

使用同一色彩进行叠加，注意用笔的力度，均匀排线，逐渐叠加，这种技法适用于表现色彩的深浅变化和空间体积感，可以达到整体色彩一致的效果。

彩铅单色叠加
视频

### 2. 多色叠加

通过在同一区域内叠加不同颜色，能够使空间具有丰富的色彩变化，使颜色更有层次感。这种技法适用于表现复杂的色彩关系和丰富的空间效果。

彩铅双色叠加
视频

彩铅多色叠加
视频

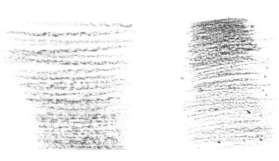

### 3. 多色叠加并晕染

在多色叠加的基础上，利用水色笔蘸取适量的水在纸张上进行晕染，使原本清晰的色彩边界变得模糊，不同色彩相互融汇使画面呈现出水色的效果。在彩铅笔触和晕染效果之间产生平滑的过渡。这种技法可以强化肌理、表现清透感，使画面色调更加柔美和谐。

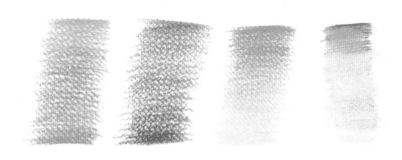

## 六、彩铅表现步骤图

步骤1：以线稿为基础，把握透视以及光影关系，确定床的位置、比例和结构。

步骤2：铺色，确定床品的整体色调，运用多变的笔触，表现不同材质的肌理、质感，加深明暗关系，适当留白，注意整体统一。

步骤3：多色叠加，增加明暗对比度，刻画床品细节，表现床品的体积感、垂感。

步骤4：进一步深入刻画，加重阴影颜色，增加透视关系的进深度，丰富画面层次感，体现设计师对床及床品赋予的情感。

这四个步骤的重点在于准确观察物体结构，对色彩、笔触的灵活运用。掌握这几个步骤，可以很好地运用彩铅来表现家居结构和材质质感。但任何步骤也需要结合个人的习惯与风格来使用，从而达到自然流畅的绘画效果。

**教学要求**

1. 选择 A3 纸进行绘制，合理构图。
2. 了解水溶性彩铅和油性彩铅的特性。
3. 临摹优秀彩铅作品，在临摹过程中，把握空间结构及光影关系，练习多种彩铅表现技法。


**思考练习**

1. 在 A3 纸上练习水溶性彩铅单色叠加、多色叠加及用水晕染的表现技法，注意叠加次数及用水量。
2. 临摹优秀彩铅作品 1 幅，表现建筑、景观或室内空间。绘制在 A3 纸上，标注作画日期、临摹作品来源。

# 七、彩铅临摹分析

王颖 临摹

原图选自格赖斯，
《建筑表现艺术》

　　该学生在分析归纳临摹作品的透视关系、色彩关系、空间环境、
景观植物表达等方面的基础上，利用钢笔、彩铅等表现工具，用钢
笔技法进行画面基础绘画，运用彩铅进行多色叠加、单色叠加、同
色系叠加等方式，展现丰富的画面效果与室外建筑景观的空间感。

# 八、学生作品欣赏

## 室内空间

汤也宁　临摹

刘晓凤　临摹

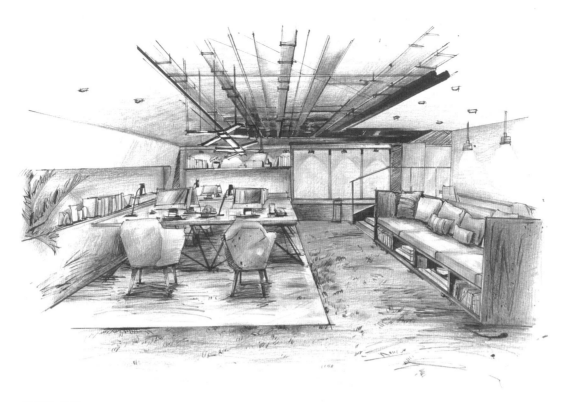

梁家路 临摹

屠慧楠 临摹

赵迎莉 临摹

徐畅 临摹

贾晓倩 临摹

付雪雪 临摹

# 建筑及景观空间

张欣怡　临摹

孙绎然　临摹

肖艳萍 临摹

杨紫珊 临摹

丁嘉浩　临摹

黎徐诺　临摹

陈泽昊 临摹

何沁阳 临摹

陈蜜 临摹

黄舒悦 临摹

陈巧玲 临摹

詹琰欣 临摹

常莹 临摹

赵欣悦 临摹

陈丽琼 临摹

储依婷 临摹

曹愆 临摹

乐晓宇 临摹

谢颖 临摹

岳九龙 临摹

刘新 临摹

王颖 临摹

罗雅文 临摹

# CHAPTER 7

## 第七章

## 晕染灵动——水色表现技法

介绍 ▾

　　水色表现技法是依靠水来使颜色在画面中产生变化，水在画面上的自然流动产生的痕迹，使水色画面更具独特性。水色设色的浓淡取决于水的配比，将颜料结合适量水涂于画面，能够达到虚实相间的画面效果。

　　水色手绘表现技法的趣味在于用各种方法控制水量的过程，颜色的自然交融产生的不确定性，通过不同色彩的融汇叠加，使画面表现力更强，层次更为丰富。水色分为干画法和湿画法两种。在绘图之前，应对水色颜料的特性及工具运用方法进行掌握，在此基础上，对建筑、景观及室内外空间的结构、意境关系等表现技法进行学习。通过空间材质、光影等表达设计主题与理念，将设计者的情感赋予画面。

## 一、使用工具

### 1. 水色颜料

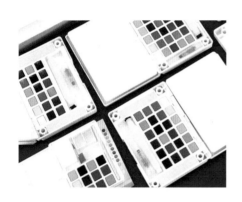

水色表现技法的独特之处在于颜料与水融合后的晕染效果。在学习表现技法之前，应对绘图工具进行了解，选择适合的工具进行绘图。水色颜料的种类不同，画出的效果也会有差别。按形态可分为固体水色颜料和膏状水色颜料两种，而适用于表现建筑、景观及室内效果的水色颜料应满足透明度好、沉淀少等要求，在选购材料时可根据自身需求向店员详细咨询该品牌颜料的特性。

固体水色颜料：固体水色颜料呈块状，方便携带，透明度较高，出现杂质沉淀的几率较小，扩散性及溶解性较好，便于外出写生。

膏状水色颜料：膏状水色颜料相较于固体水色颜料而言更易溶解，但使用前要先排出管内油胶，使用时将膏状颜料挤在调色盘中，结合水色笔蘸水稀释使用。

### 2. 水色绘图纸

在选用纸张时，不同品牌的纸张棉浆含量不同，品质也有所不同，根据设计者喜好不同，可选择不同克重及不同粗细纹理的纸张，在水色手绘表现中，一般选用中、高等克度（150～300g）的水色纸为宜。纸张纹理分为细纹、中粗纹、粗纹三类，根据要表现的空间效果选择不同纹理的纸张。

## 二、水色表现技法

单色平铺：根据画面面积大小选取适量颜料，着色时只选取一种色彩，利用水色笔将颜色调和均匀，控制水量，平行运笔铺色，边缘保持平顺。小范围画面可以直接铺色，大范围可先铺设清水，再叠加水色颜料。

单色晕染：选取一种颜色平铺在画面的深色部位，在颜色未干时，蘸取适量水，在需要渐变的部位沿着色块边缘转动画笔进行晕染，其透明度逐渐降低，也可以先把表现的部分打湿，再进行晕染，形成单色渐变效果。

多色晕染：选取多种颜色，在纸面上进行多色平铺，在颜色未干时，控制水量使各颜色之间扩散混合，从而达到理想的画面效果。

干画叠加法：通常采用同色系或邻近色进行叠加，这样叠加出的颜色相对清透，不浑浊，在颜色叠加过程中，需要在前一块颜色干透时再进行下一步上色，在后续叠加过程中，颜色的明度要稍加提高，以防由于色彩的层层叠加而使画面色彩变灰。一般遵循先浅后深的原则，水色颜料的干画叠加法在多次上色后，将呈现出更加细致、自然、深入的画面效果。这种画法适合做局部行笔。

水色干画法
叠色视频

湿画叠加法：湿画叠加法是在前一步画的色块没有干透的情况下直接叠加上色，叠加时控制水量，避免水量过多颜色快速晕开时形体边线难以控制，灵活用笔，色彩的交融渗透使画面呈现出更好的糅合效果。湿画叠加法一般用于大面积的，轮廓模糊的铺色晕染，

水色湿画法
叠色视频

## 三、表现技法步骤图

### 示范一：

步骤一：准备好单线稿。使用钢笔或针管笔绘制画面底稿，确保物体造型、透视、结构关系准确，可以加强底稿细节，更容易把控整体效果。

步骤二：对画面上椅子的固有色进行第一层上色。注意由浅入深，逐层叠加，加强画面明暗关系、空间感，将设计者的情感更好地表达出来。

步骤三：继续进行第二层上色，背景颜色用湿画法进行叠加，注重深浅变化，对画面主体进行细节刻画。

步骤四：对画面结构进行细节刻画。区分冷暖层次关系，丰富画面效果，提升画面完整度。

## 教学要求

1. 选择 A3 纸（中等克度，细纹或中粗纹）进行绘制。
2. 了解水色颜料、纸张特性及使用方法，根据所买水色颜料制作色卡。
3. 笔触要求：在 A3 图纸上进行单色平铺、单色晕染、多色晕染等笔触的练习。
4. 临摹要求：在 A3 图纸上进行建筑、室内外空间的临摹练习。
5. 技法要求：明确画面透视、明暗及前后空间关系，色彩晕染要自然生动，运用干湿画法，画面要层次丰富，注意建筑、景观空间结构、理念、情感的表达，使画面更具感染力。


## 思考练习

1. 临摹优秀水色技法作品 1 幅。
2. 表现建筑、室内及室外空间。
3. 绘制在 A3 图纸上。
4. 装裱于画板或桌面上，标注作画日期、临摹作品来源。

# 四、水色临摹分析

黄舒悦 临摹

原作选自格赖斯，《建筑表现艺术》

  该学生的临摹作品结构清晰，透视关系准确，空间色彩糅合生动。利用钢笔、针管笔等工具对画面进行结构表达，运用水色多色叠加、单色叠加、同色系叠加等技法，表达画面的空间氛围，使画面更加富有表现力、感染力。

# 五、学生作品欣赏

杨紫珊　临摹

田羽　临摹

蔻菁菁 临摹

赵欣悦 临摹

刘晓凤 临摹

唐一涵 临摹

梅登莲　临摹

肖艳萍　临摹

吴承好 临摹

钱恺 临摹

黄舒悦 临摹

曲超 临摹

王锡丰 临摹

廖思龙 临摹

陈泳桢 临摹

伍妍婕 临摹

介绍▾

    在综合表现技法中，要求设计者在进一步充分了解不同手绘表现技法的同时，根据自己的喜好选择适合自己的表达方式进行绘制。可以将瞬间的设计灵感迅速地呈现出来，也可以细琢节点再精心绘制。每种手绘表现方式都有其独到之处，在设计表现过程中，综合表现技法一般不单独运用一种工具进行表现，大多是各工具之间配合使用，优势互补，赋予画面更强的表现力，充分表现出设计者的情感、理念及方案的最优效果。例如：将钢笔与彩铅搭配使用，运用钢笔勾勒空间及物体的结构造型，彩铅着色，使画面柔和、轻快、细腻；将钢笔、彩铅与马克笔结合使用，在透视结构清晰的情况下，运用马克笔大面积铺色，再结合彩铅叠色，深入雕琢，马克笔所呈现的明快、通透的效果与彩铅的柔和相呼应，使画面表现力增强，层次更加丰富。除了这些手绘表现技法外，还可以进行新技法、新课题的尝试（如擦笔技法、粉条技法、高光笔技法等），并进行训练以开拓思路。多种表现形式的糅合，能创造出有个性、有特色、有创意、有感情的手绘效果图。

## 一、使用工具

设计表达者在熟悉各种手绘表现工具的特征后，可尝试综合运用钢笔、马克笔、彩铅、水色颜料、高光笔等工具，进一步掌握它们的表现技巧、上色技法和对不同空间关系的表现方式，最终设计者可根据对画面的理解，选择不同的表现方式来完成不同的建筑、室内外、景观设计效果图。

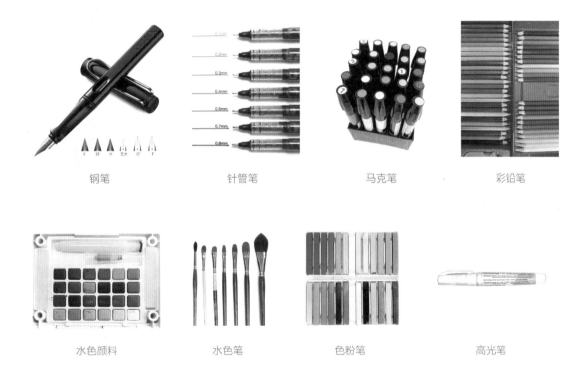

| 钢笔 | 针管笔 | 马克笔 | 彩铅笔 |

| 水色颜料 | 水色笔 | 色粉笔 | 高光笔 |

## 二、表现技法步骤图

### 1. 马克笔与彩铅技法结合

综合表现技法 视频（二）

彩铅与马克笔的结合，首先运用马克笔铺设整体色调、光影明暗及虚实关系，也可以对部分阴影及虚实进行加强，笔触应注意由浅至深的渐变，点、线、面的组合搭配，控制整体色调及环境色的同时，空间感的表达尤为重要。运用彩铅把握空间细节，注意对空间层次的刻画，对空间的结构及材质肌理的细部表达，可增加画面层次感，使画面整体效果的完整性得到提升。

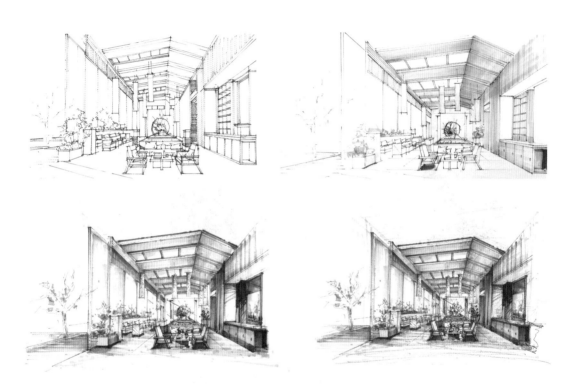

### 2. 彩铅与水色技法结合

彩铅、水色的结合，运用水色颜料为画面做第一步整体色调的铺设，明确画面的结构、光影关系，上色时不需刻意平铺，遵循循序渐进、由浅至深原则，有层次、有笔触的自然衔接效果更好，根据画面需求对色彩及笔触灵活掌握，水色通常给人通透、温润、灵动活泼的画面感受。结合彩铅一起使用，可加强形态结构的严谨性，彩铅细腻的笔触与水色自然流动的效果结合，使画面轻盈、柔和，质感温润，彩铅在水色的映衬下能够有更为惊艳的艺术呈现效果。

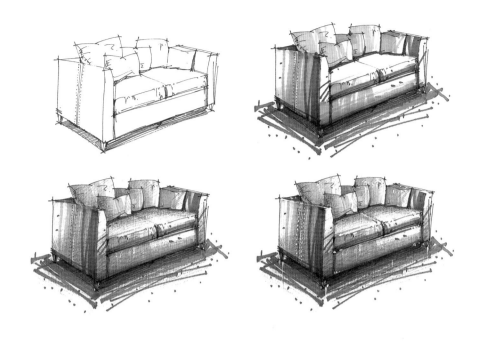

### 3. 马克笔与水色技法结合

运用水色颜料进行大面积铺色,为画面绘制整体色调,明确画面的光影关系,使用马克笔进行二次叠加,加强空间结构、层次关系。马克笔和水色技法的结合,不仅使画面有较强的空间表现力,还能够增加画面层次感和空间进深关系。

## 教学要求

1. 根据需求自主选择A3 纸（如用水色颜料大面积渲染，建议用 200g以上规格的纸张）。
2. 选择 1 幅优秀的综合表现技法作品进行临摹，也可根据对作品的感受，自行选择表现形式与工具，对作品进行临摹创作表现。要求绘于 A3 纸上，至少运用 3 种表现工具。
3. 根据所学专业自主选取场景（建筑、景观、室内空间均可）进行写生练习，要求透视准确，画面表现力强。

## 思考练习

1. 临摹练习：根据所学专业选择优秀的综合表现作品进行临摹，绘于 A3 纸上，标注日期及临摹作品来源。
2. 写生练习：根据所学专业对建筑、景观或室内空间场景进行写生练习，绘于 A3 纸上，标注日期及场景写生来源。

# 三、综合临摹分析

贾晓倩 临摹

托马斯·W. 沙勒

　　该学生在对临摹作品的色彩关系、建筑特色等方面的分析与概括基础上，丰富画面色彩，增强空间感。利用钢笔描绘建筑轮廓和细节、水色平铺整体色调、马克笔加强画面明暗关系、彩铅刻画结构细节等，通过强烈的光影关系，表达建筑空间的明暗、结构及画面空间感。

# 四、学生作品欣赏

武乐乐 临摹

徐畅 临摹

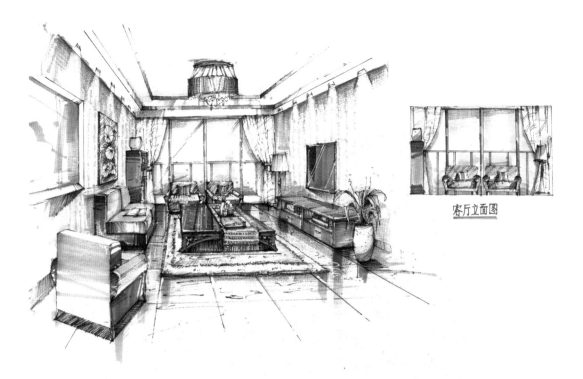

客厅立面图

陈蜜 临摹

屠慧楠 临摹

杨子昕 临摹

周梦欣 临摹

伍妍婕 临摹

贾晓倩 临摹

孙绎然 临摹

梁芷齐 临摹

张霞 临摹

# CHAPTER 9

第九章

## 完美呈现——快题设计表现

介绍▾

　　整体手绘方案设计能够培养设计者快速构思能力和创新设计能力，体现设计者对建筑设计理念的理解分析。在规定时间内，通过设计元素演变、设计思维表达、设计材料等各种分析来表现方案的形成过程，传达设计理念；通过总平面图设计、平面图设计、立面设计、剖面设计等形式表现设计方案，并融入自己的创意。

　　在整个过程中设计者需要有把握整体方案的综合能力，对设计方案进行快速、精准的表达，平时要注重积累设计方案，多加练习，为之后的方案设计奠定基础。

## 一、方案表达

一个优秀的设计方案要具有较强的视觉冲击力、较高的完整度及创新性。方案的整体页面设计包括标题、分析图、设计说明、平面图、立面图、剖面图等部分，整体画面需要合理构图，注重制图规范。

### 1.标题设计

在快题设计方案中，标题设计能够表达出方案的内容及设计主题。一般标题设计涵盖主标题、副标题与小标题。根据画面构图形式，标题一般分为横排版与竖排版两种。

主标题：主要传达设计主题，不宜过于复杂，简洁、快速、美观即可，可选择几种主标题字体设计反复练习并熟练掌握。

副标题：主要是对设计内容及空间的功能概括。

小标题：主要是设计方案的类别，例如建筑空间、景观空间或室内空间设计。

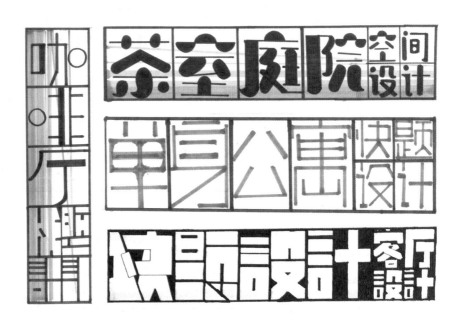

## 2. 平面图设计

平面图是整体设计方案中最基础、最重要的部分，需规范制图。在绘制平面图之前，设计者需要对场地面积、选址环境做详细的调查分析，而后进一步考虑用户的需求、偏好，设计各项功能区，表现设计主题，再结合各项设计要素与要求，使建筑与周围环境相融合，合理规划动线，注意人车分流等规范。

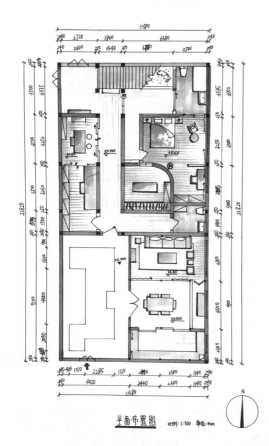

平面布置图  比例1:100 单位mm

贺绮琪  虞佳佳

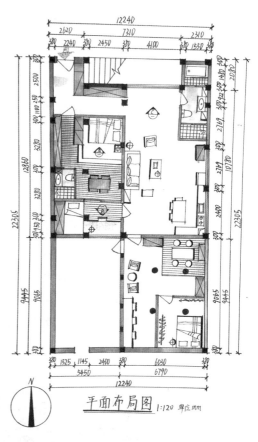

平面布局图 1:120 单位mm

陈欣怡  胡倩雯

## 3. 剖面图设计

剖面图设计应将墙体、楼板、吊顶、门窗等各项结构表示清楚，设计者不仅需要考虑到空间的承重与各种结构关系，还需将室内、外及景观紧密联系，注意整体比例尺度及制图规范。

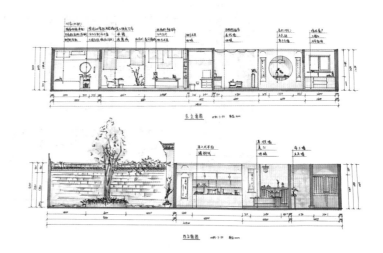

## 4. 立面图设计

建筑立面图能够体现地域特色，表现设计风格。立面图在平面图的基础上进行延伸，需要设计者把握竖向的尺度感。在立面图设计中，要清晰地表现建筑的造型、材质等，明确反映出立面空间的设计效果。

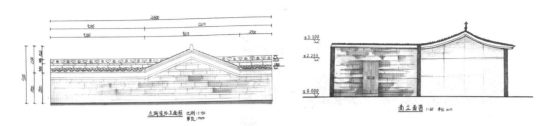

杜文丽　孙洁　　　　　　　　　　　　　　　　　张兰珣　史淑晴

## 5. 分析图

除以上基本技术图纸外，方案设计的分析图也是必不可少的，可以是设计概念的推导、空间平面布局的演化、人车交通动线或主次交通动线等。分析图能够清晰表达设计概念与思路即可。

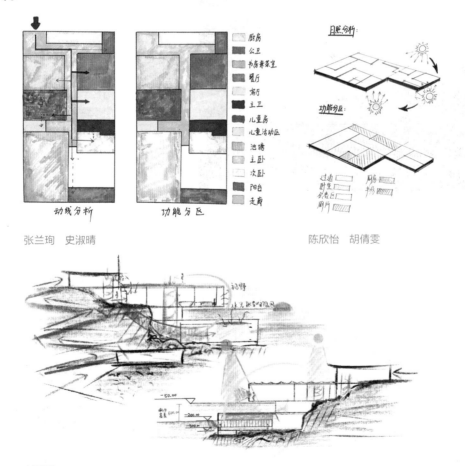

张兰珣　史淑晴　　　　　　　　　　　　　　　　陈欣怡　胡倩雯

付雪雪

## 6. 设计说明

设计说明是整体方案的设计概念的书面表述，一般为 50 ～ 150 字，要求简述设计风格，提取设计元素，表达设计主题、设计材料与设计理念，表述清楚即可。

示例 1：

设计说明：本设计方案针对沙塘湾村的地域环境及地域文化进行了调研分析，秉承可持续的设计理念，提出以"觅海"为设计主题的民宿建筑室内设计方案，提取"海水""卵石""鱼骨"等特色海洋元素，致力于设计出具有沙塘湾村特色的民宿居住体验环境。设计中结合当地地域环境特色，就地取材，利用水能，结合当地建筑材料及新型室内设计方法，使设计具有较强的可持续性。本设计可以使来访者在以"觅海"为主题的民宿建筑室内空间中，体验沙塘湾村独特的文化及环境特色。（方案设计者：付雪雪）

示例 2：

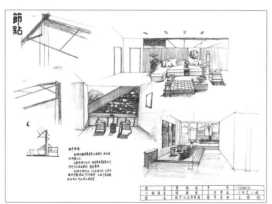

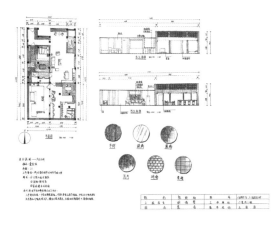

设计说明：本方案为慈城一座中式民宿，整体为矩形布局，面积较大，采光一般，为解决采光问题，本设计围绕空间的天光做文章，多采用玻璃材质，使室内更加通透明亮，将室内分为私密空间、公共空间及灰色区域。因有一庭院景致，故最大程度保留了空间用于观景，大面积的落地窗促使南面室内空间明亮而通透。开放式厨房与客厅并于一处。迎合屋主需求，楼梯下设大面积的书架，使空间多了些许书香气。（方案设计者：陈欣怡，胡倩雯）

示例3：

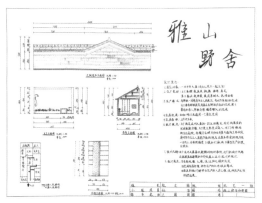

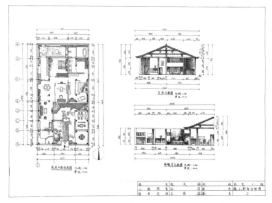

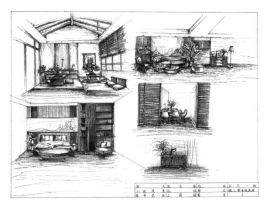

设计说明：本方案屋主需要有单独一间客房留给女儿回来住，有夫妻二人单独的空间，女士要有单独的画室，男士有单独会客厅。为满足需求，我们将原有空间重新分割，为使主卧空间变大，我们将淋浴空间移至后庭院，从餐厅区域中划分出书房，并通向主卧的走廊，可作为女主人展览作品的空间。在原本茶室的地方也一分为三，可分别用来喝茶、下棋、打麻将，丰富了住户的休闲项目。（方案设计者：杜文丽，孙洁）

## 7. 设计创意表达

绘制草图：审清题目，确定设计主题、设计风格，分析图、效果图需体现设计理念。对整体画面进行合理构图，排版时应注意主效果图的呈现。

墨线稿：在完成构图后，使用钢笔或针管笔深化设计方案，找准透视关系，加深明暗关系，注意控制线条的变化，表现材质质感及空间光影关系。

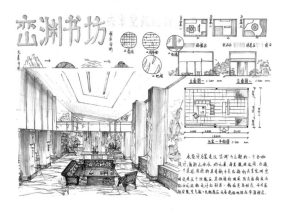

色彩表现：确定主色调，使用水色打底（可选）、马克笔、彩铅等进行上色，整体手绘效果需要准确表达空间关系，注意色彩搭配、材质表现、局部刻画等方面。

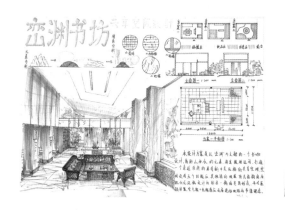
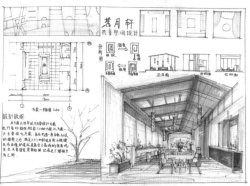

## 教学要求

1. 选择质量合适的A3 纸。（建议质量为 150g以上 ）
2. 自主完成 1 幅整体方案设计，版式美观舒适的同时需注重对设计方案概念及思路的表达，关注整体方案所体现的设计内容与传达的设计理念。

## 思考练习

1. 完成 1 幅建筑空间快题综合练习，限时 4 ～ 6 小时。考虑整体设计方案的标题、平面图、立面图、剖面图、分析图、设计说明等，要求整体版式疏落有致，主次分明，逻辑清晰，概念创新等。
2. 运用至少 3 种手绘技法，如钢笔技法、马克笔技法、彩铅技法、水色技法等，选择其中 1 种作为主要表现技法，绘制在A3 纸上。注明作画日期、作者。

二、学生作品欣赏

黄舒悦

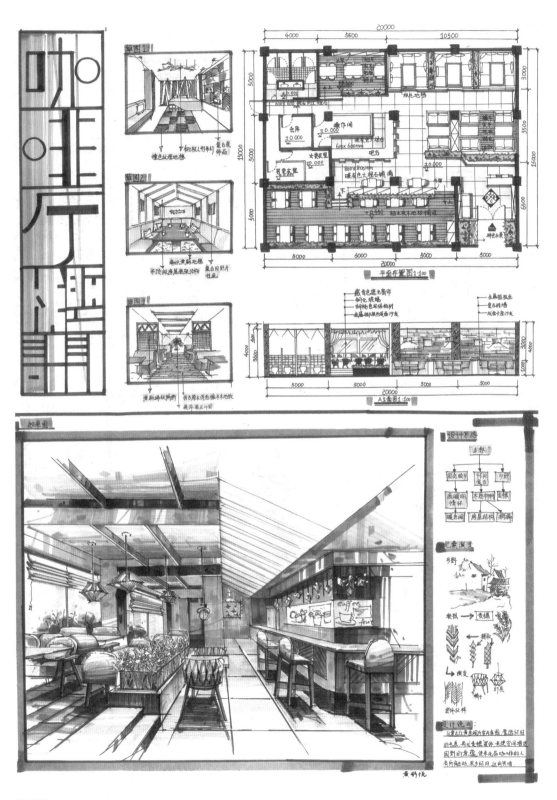

黄舒悦

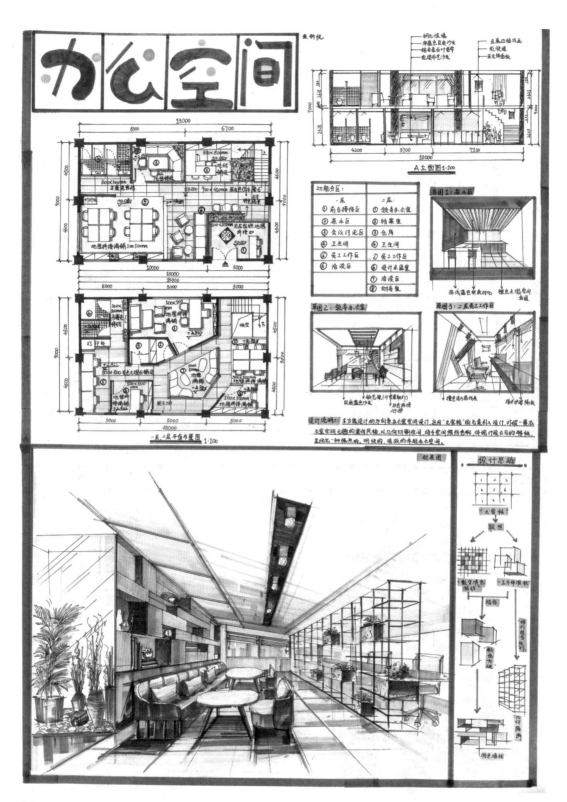

黄舒悦

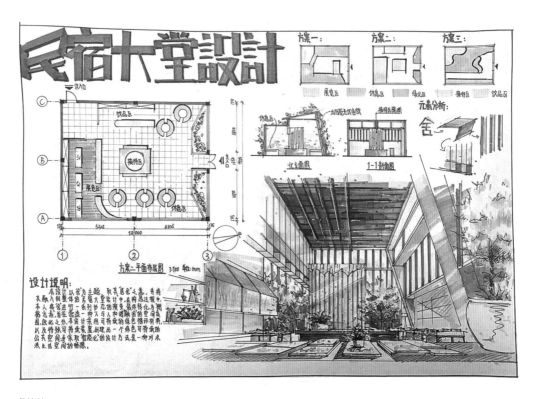

虞佳佳

陶艾禹然

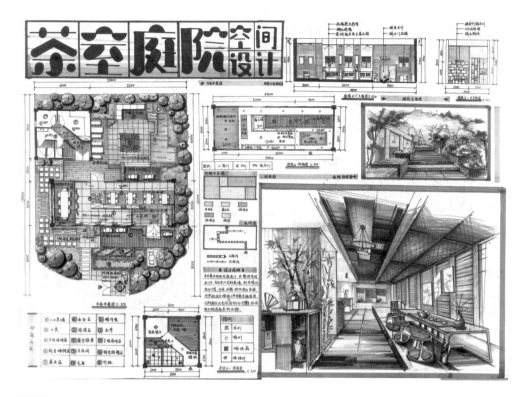

黄舒悦

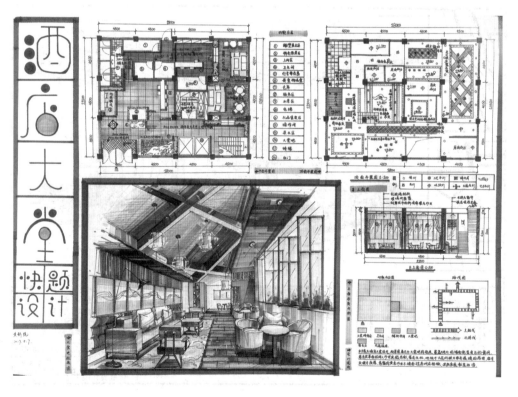

黄舒悦

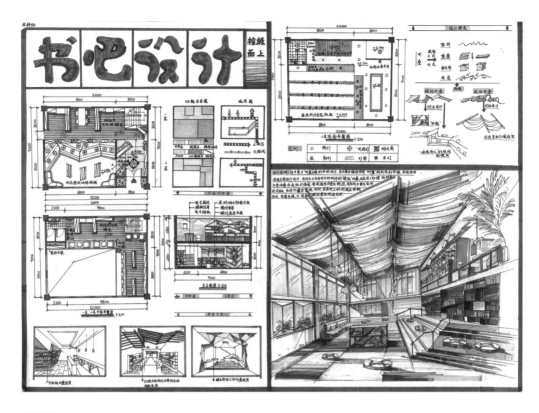

黄舒悦

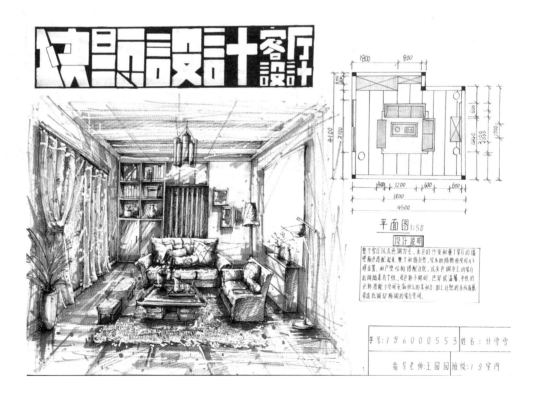

付雪雪

设计说明

此房间的大小为12m²，内有床，床头柜、衣柜、以及一把椅子。本房间床采用实心木框架，在比基础上涂漆处理为白色涂料。床底下有许多空间可以放储物盒，床的品牌为HEMNES汉尼斯，外配汉尼斯的床头柜。衣柜为PAX帕克思，FORSAND/VIKEDAL福尔桑，维克多爾料干汤古那度，地程HELLESTED海勒特的黄林平织地毯。浅绿色的植与月亮绿色的门窗相呼应，形成一个清新、清新风格的小房间。

刘晓凤

设计说明

本图纸，取决写生描绘案例中式CAD曲风，房间设计大令中国古代、木炭、材料，通窗认识这的大理石。木墙面的黄平台极重及板材，房里上的顶刃灯是使用的木板材料，地面上扣墙青色的级取的大理石加制作，另取有的地板植物都要黑白木涨的处理，木墙的门和墙的通取过设计风格，视觉和儿上的书桌和墙平涂中式设计。

屠慧楠

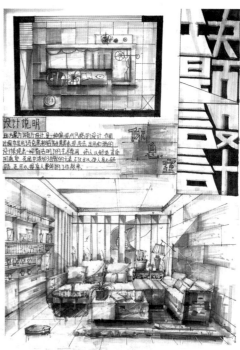

设计说明

此为案例写图纸设计是一地中偏代风格的设计，作图分展示其色最为的照黑案，表示，采用的地色的设计搭配这，一部黑白标刃和白色手木真洞，床人认好秀看清素而新愁，花属中添加绿色的元素，石炭衣涨，让人在里的感情，取用以提高人参饰的工作效率。

孟睿

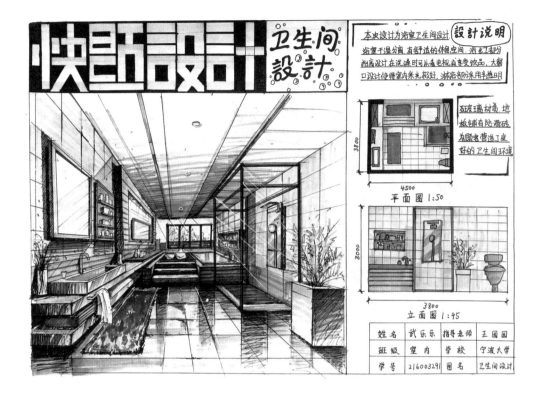

武乐乐

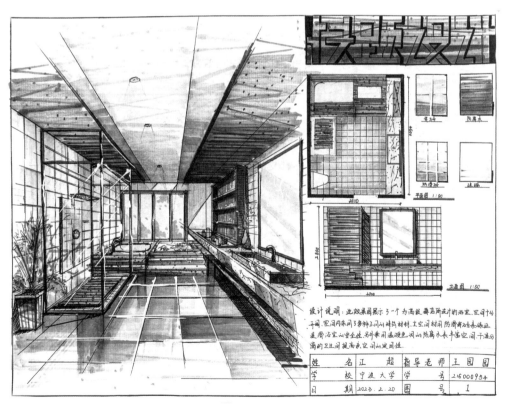

江超

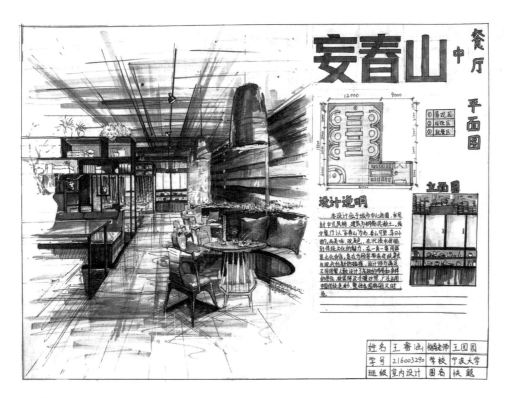

王睿涵

唐川云

胡予栅

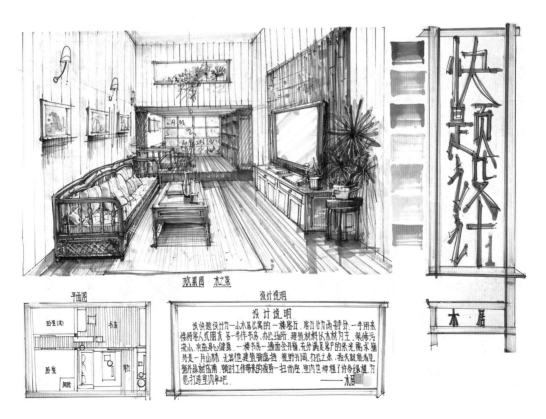

隆艳琼

## 设计说明

本案为客厅空间设计,风格定义为极简风格色彩配置:高级、沉稳,主要以黄灰为主,营造了温馨氛围。其中沙发背景墙部分掏空,视觉上更具有空间感,更有层次,打破了沉闷的格局,成为更具有实用价值的空间。

沙发

平面图

张一

设计说明 设计了一个田园风格的客厅,整间客厅从木板材料方案,辅以布艺和毛革的家具,制造出一个有亲和力的、自然清新的空间,墙面上做了两个落地窗提供了向外者的视野,另一面墙上又做了壁盒的设计,可以放书和一些小物件,家具大多选用了暖灰色调,来营造一种古朴温暖的氛围,多盆植物的摆放为这个空间带来活力,绘制过程中使用了水彩,马克笔,钢笔和高光笔。

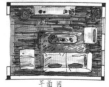

平面图

徐鸣

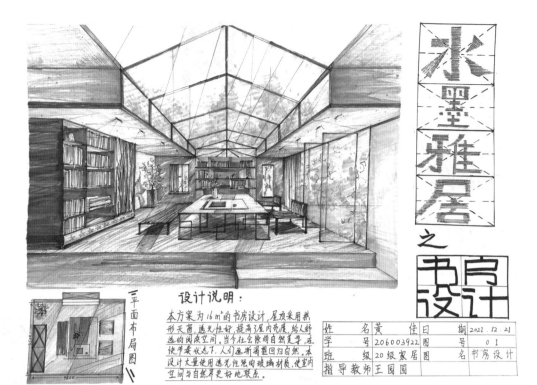

设计说明：

本方案为16㎡的书房设计，屋顶采用拱形天窗，透光性好，提高了室内亮度，给人舒适的阅读空间。当今社会崇尚自然美学，在快节奏状态下，人们逐渐渴望回归自然。本设计大量使用透光性强的玻璃材质，使室内空间与自然界更好地联系。

三平面布局图

| 姓 名 | 黄 佳 | 日 期 | 2021.12.21 |
|---|---|---|---|
| 学 号 | 206003922 | 图 号 | 01 |
| 班 级 | 20级家居 | 图 名 | 书房设计 |
| 指导教师 | 王园园 | | |

黄佳

设计说明

本设计为某山间别墅的客餐厅设计。根据"入口→客厅（观景休闲区）→工作区域→下午茶（会客谈话区）→私人区域"的活动轨迹为动线绘制，整体运用暖色调，为奢华的别墅增添温馨的生活气息。分出一面半的墙作落地窗，上用木栅栏固定，并充作取景框，使整个会客区明亮而舒适。同时，右侧作收纳空间，配以工作椅，为主人休闲加工提供场所，整个设计以人文生态为主旨，布局疏略符合生活习惯。此外，室内室外的景观也给本设计增添了几分活泼的气息。

平面图

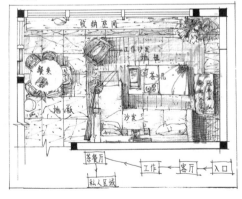

唐思梦

快题设计

平面图

设计说明:

本方案为室内客厅设计,主要供人们休闲使用。其设计主要以办型为主,在此空间中,各物品错落有序的分布,快整个空间有充整的动态,灵动,舒适,适合人们居住,有良好的体验感。

| 班 级 | 20室内 | 姓名 | 萧 淼 |
| 学 号 | 206000003 | 图名 | 快题设计 |
| 指导教师 | 汪园园 | 图号 | 1 |

蒋淼

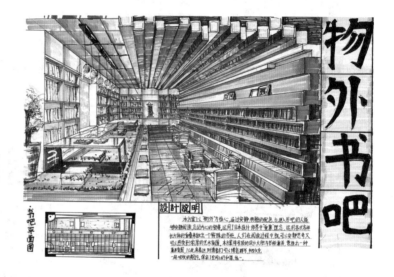

物外书吧

书吧平面图

设计说明

本方案以"物外"为核心,通过安静典雅的宅色,让进入书吧的人能够安静阅读,忘记外的喧嚣,运用日本设计世界中意象理念,运用各式各样的书整布做出一个特殊的书吧,人们在阅读过程中既引出安静思考又可以感受到浓厚的艺术氛围。本方案将顶的放大并与书柜兼并,意在去一种宽敞视野,以此来表达对读者们可以博览群书,物外文化。一种安静的阅读,保证了空间上的细细品位。

周锦程

山舍民宿

设计说明:

"山舍",驹在山间,静谧树的一抹存在,本人以黄色与绿色为主设计了一套山间民宿,山间拥有的白天,蓝天以及清新的空气,因此采用了落地窗的形式,把山间美景尽收眼底,以植物的绿和木家具的质感来传达温馨轻松的氛围和自然气息,人们可在这里会爱自然并爱上自然并珍惜自然。

| 姓 名 | 邓 鸿媛 |
| 学 号 | 206000640 |
| 班 级 | 20级家居班 |

邓鸿媛

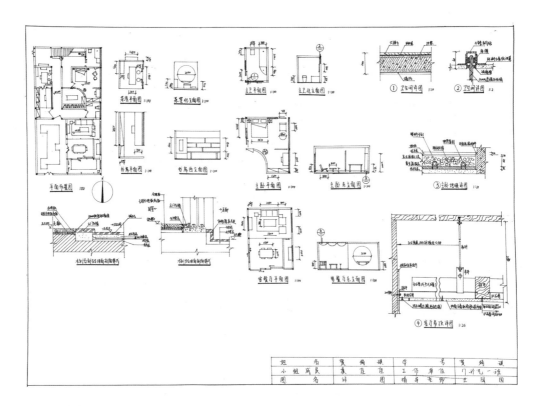

贺绮琪　虞佳佳

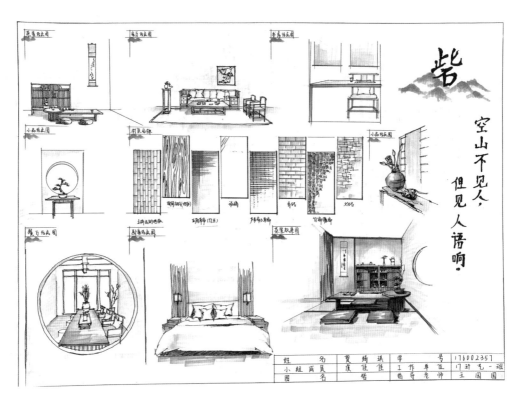

贺绮琪　虞佳佳

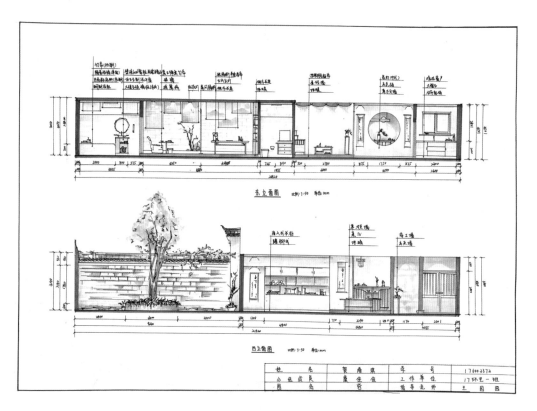

贺绮琪　虞佳佳

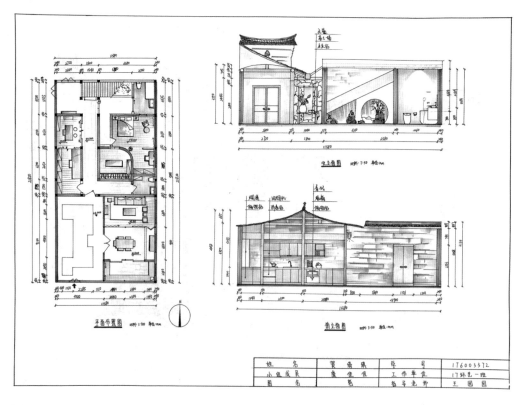

贺绮琪　虞佳佳

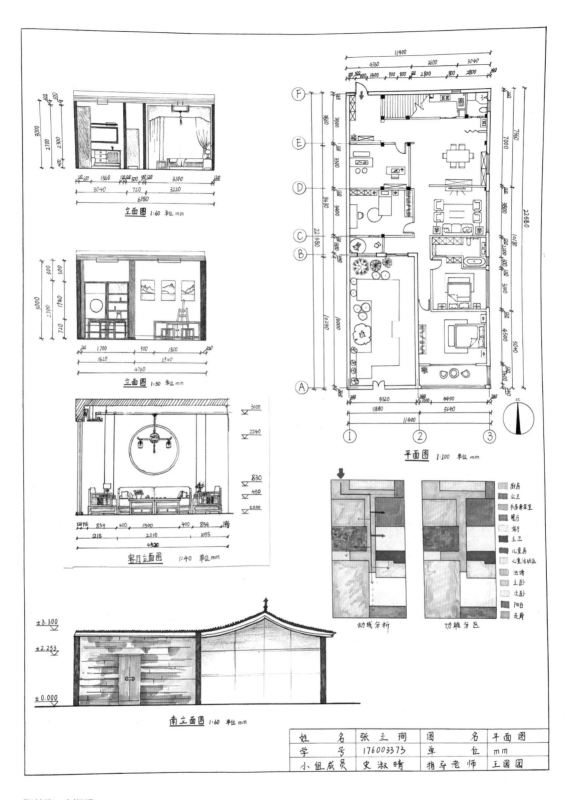

立面图 1:60 单位 mm

立面图 1:50 单位 mm

客厅立面图 1:40 单位 mm

平面图 1:100 单位 mm

动线分析 功能分区

厨房
公卫
书房兼茶室
餐厅
厨房
主卫
儿童房
儿童活动区
池塘
主卧
次卧
阳台
走廊

南立面图 1:60 单位 mm

| 姓　　名 | 张兰珣 | 图　　名 | 平面图 |
|---|---|---|---|
| 学　　号 | 176003373 | 单　　位 | mm |
| 小组成员 | 史淑晴 | 指导老师 | 王园园 |

张兰珣　史淑晴

介绍 ▾

　　手绘是所有设计大师们所青睐的草图表现方式。从设计灵感、设计方案、扩出的施工节点图、设计材料的选择等都可以随手、随地地表现。设计灵感突然出现时也可以及时地记录下来，当然任何伟大的设计从灵感的萌芽到草图绘制，再到深入的建筑施工设计，最后完成传世经典之作未必和草图一模一样，但设计师的灵感记录、随时随地的翻阅、进阶思考给最后完成的设计提供了情感、思路、理念。丰富且快速的表达，为最后完成的设计种下了一颗不断发育的种子。大师们通过各自喜爱的表现工具、表达方式进行设计，这些设计快速且具有设计师创作灵感的表达形式能使团队成员快速领悟，适合方案交流。手绘表现出来的效果永远是设计师本源设计理念的表述。这种看似"原始"的表现方式，才是设计的灵魂。

## 弗兰克·埃德·赖特

（Frank Lloyd Wright　1867—1959）

### 流水别墅（Fallingwater）

建成时间：1934—1936 年

建筑地点：美国，宾夕法尼亚州

建筑占地面积：约为 380 平方米，共三层。

设计说明：流水别墅是赖特为卡夫曼家族设计的别墅，他描述此别墅是"在山溪旁的一个峭壁的延伸，生存空间靠着几层平台而凌空在溪水之上"。悬空的楼板固定在后面的山石之中，建筑中每一层通过对空间的处理而形成相互流动的多种从属空间关系，且与建筑内部的楼梯、小池形成呼应，建筑正面的窗户运用金属窗框的大玻璃，整体产生十分强烈的虚实对比。

流水别墅手绘图
选自大卫·拉金、布鲁克斯·法伊弗，《弗兰克·劳埃德·赖特经典作品集》

流水别墅照片
选自大卫·拉金、布鲁克斯·法伊弗，《弗兰克·劳埃德·赖特经典作品集》

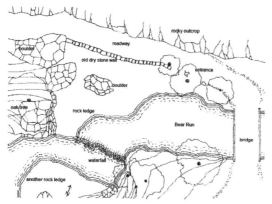

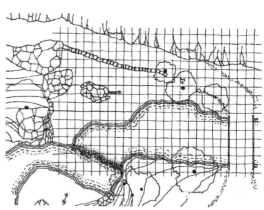

1.收集场地中可利用现状要素

2.赖特以小溪上的桥为基准置入单位 5 英寸 × 5 英寸（12.7cm × 12.7cm）的网格，在此基础上标出点与确定坐标。

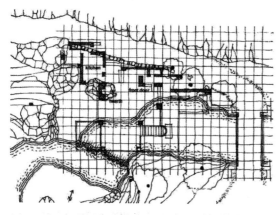

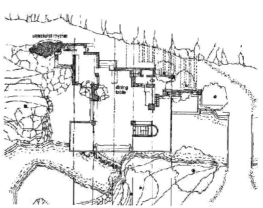

3.运用网格加强场地布置规则，使规则与地形相互作用，墙体在遵循正交网格的同时，也与原来的干砌墙发生关系。

4.首层平面图

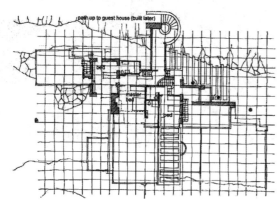

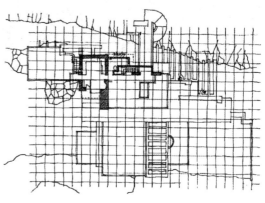

5.二层平面图

6.顶层平面图

以上六张图片均选自陈斌、舒沈阳，《流水别墅弗兰克·劳埃德·赖特》。

## 古根海姆博物馆（Guggenheim Museum）（总部）

建成时间：1947—1959 年

建筑地点：美国，纽约

建筑占地面积：2.4 万平方米。

设计理念：古根海姆博物馆是世界上著名的私立现代艺术博物馆，它与周围建筑都迥然不同。该建筑位于城市街区边地块，迫使赖特将建筑往垂直向度上思考，因而他设计出类似于美索不达米亚神塔的负形。

古根海姆博物馆建筑实景图
选自刘洁、李志民，《纽约古根海姆博物馆解析——重读现代主义建筑大师赖特》

赖特设计的透视图（实际设计有所改变）
图片来源：https://www.architizer.com

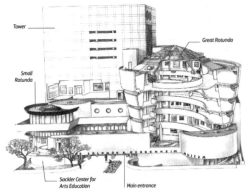

赖特　古根海姆博物馆建筑组成示意图
图片来源：https://www.archiposition.com

赖特　古根海姆博物馆建筑剖面图模型
图片来源：https://www.archdaily.cn

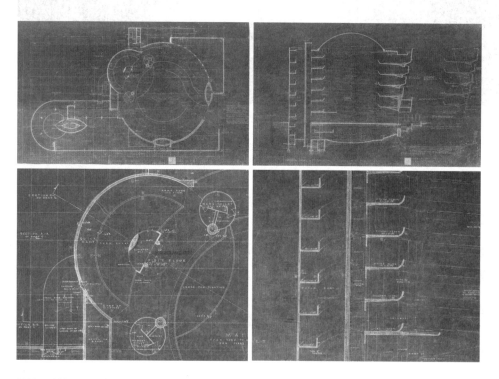

赖特　建筑平面图（部分）
图片来源：https://www.archdaily.cn

## 扎哈·哈迪德

（Zaha Hadid　1950—2016）

1950 年出生于巴格达，伊拉克裔英国建筑师。2004 年普利兹克建筑奖获奖者。扎哈的设计一向以大胆的造型出名，被称为建筑界的"结构主义大师"。

罗森塔尔当代艺术中心
选自扎哈·哈迪德、亚伦·贝斯基，《扎哈·哈迪德全集》

望京SOHO
选自扎哈·哈迪德、亚伦·贝斯基，《扎哈·哈迪德全集》

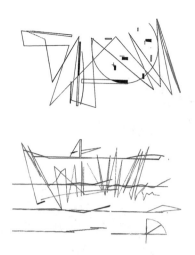

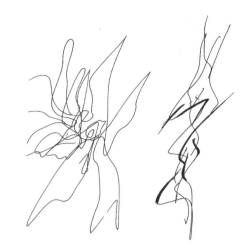

西好莱坞市府大楼设计图　　　　　　　　奥德罗普格博物馆扩建图

伊斯兰艺术博物馆设计图　　　　　　　　广州歌剧院设计图

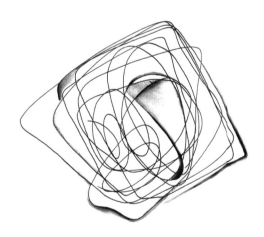

锅炉房扩建设计图　　　　　　　　　　　爱乐厅设计图

以上图片选自扎哈·哈迪德、亚伦·贝斯基，《扎哈·哈迪德全集》。

# 伦佐·皮亚诺

（Renzo Piano　1937—）

**建筑名称：乔治·蓬皮杜国家艺术文化中心**

建成时间：1972—1977 年

建筑地点：法国巴黎

建筑占地面积：10 万平方米。

设计理念：蓬皮杜艺术中心建筑最大的特色，是外露的钢骨结构和复杂的管线，这些露在建筑外面的复杂管线其颜色是有规律的，空调管路是蓝色、水管是绿色、电力管路是黄色、自动扶梯是红色。有人戏称它是"市中心的炼油厂"。这种建筑风格被称为"高技派"。

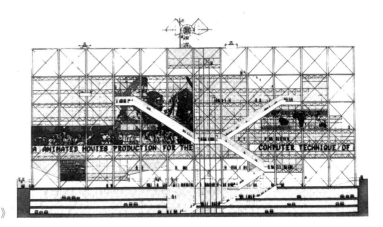

蓬皮杜国家艺术中心建筑立面图纸
选自伦佐·皮亚诺建筑工作室，《伦佐·皮亚诺全集（1966—2016 年）》

蓬皮杜国家艺术中心建筑照片
选自伦佐·皮亚诺建筑工作室，《伦佐·皮亚诺全集（1966—2016 年）》

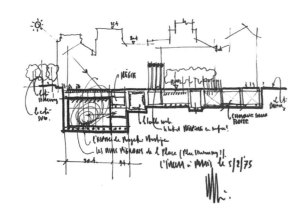

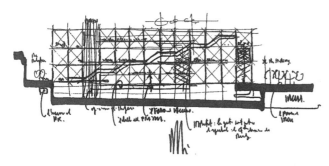

蓬皮杜国家艺术中心建筑草图
选自伦佐·皮亚诺建筑工作室,《伦佐·皮亚诺
全集(1966—2016 年)》

**建筑名称: 芝贝欧文化中心**

建成时间:1991—1994 年

建筑地点:新喀利多尼亚斯特

建筑占地面积:7500 平方米。

设计理念:该建筑原型是从当地原著居民的编织房屋、器具中获得的灵感,很好地诠释了当地特色文化。

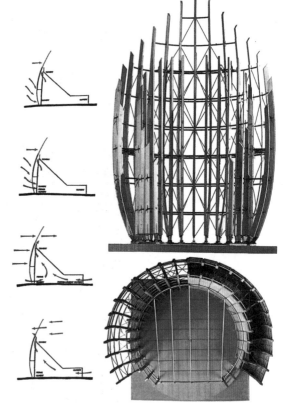

芝贝欧文化中心立面模型
选自伦佐·皮亚诺建筑工作室,《伦佐·皮亚诺全集(1966—2016 年)》

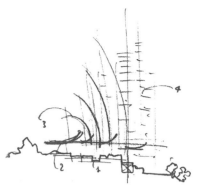

芝贝欧文化中心立面草图
选自伦佐·皮亚诺建筑工作室,《伦佐·皮亚诺全集(1966—2016 年)》

芝贝欧文化中心立面
选自伦佐·皮亚诺建筑工作室,《伦佐·皮亚诺全集(1966—2016 年)》

# 列奥纳多 · 达 · 芬奇

（Leonardo da Vinci　1452—1519）

达·芬奇　室内透视作品　1481
选自荆成义，《画坛巨匠：大师建筑素描精选》

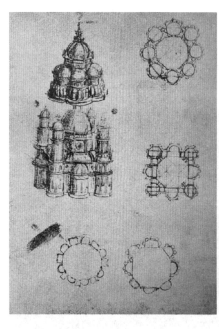
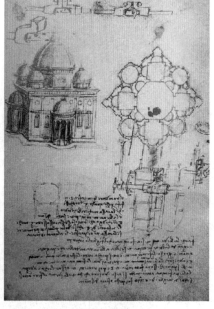

达·芬奇　建筑设计草图　1487—1490
选自荆成义，《画坛巨匠：大师建筑素描精选》

# 其他作品

何塞·普利赫　建筑墙面装饰设计作品
选自厄尔·宾厄姆，《建筑画 100 年：1900—2000 年的经典瞬间》

约翰·波拉德·赛登和爱德华·贝基特·兰姆　帝国纪念大厦和钟楼设计方案
选自厄尔·宾厄姆，《建筑画 100 年：1900—2000 年的经典瞬间》

亚历山大·马尔塞　昂潘男爵宫设计图　约 1907 年
选自厄尔·宾厄姆，《建筑画 100 年：1900—2000 年的
经典瞬间》

雷纳特·布雷姆　"带有活动雕塑的建筑"透视终作品
1964 年 2 月
选自厄尔·宾厄姆，《建筑画 100 年：1900—2000 年
的经典瞬间》

[1] 宾厄姆.建筑画100年：1900—2000年的经典瞬间[M].邢晓春，译.北京：中国建筑工业出版社，2015.

[2] 柴海利.最新国外建筑钢笔画技法[M].南京：江苏美术出版社，2004.

[3] 陈斌，舒沈阳.流水别墅弗兰克·劳埃德·赖特，1933—6[J].建筑技艺，2018，（1）.

[4] 陈红卫.陈红卫手绘表现技法（修订版）[M].上海：东华大学出版社，2013.

[5] 杜健，吕律谱，蒋柯夫，等.景观设计手绘与思维表达[M].北京：人民邮电出版社，2015.

[6] 高鑫，张啸风，吴珊.图解室内设计效果图手绘表现技法[M].北京：人民邮电出版社，2020.

[7] 格赖斯.建筑表现艺术（3）[M].天津：天津大学出版社，2000.

[8] 格赖斯.建筑表现艺术[M].天津：天津大学出版社，1999.

[9] 哈迪德，贝斯基.扎哈·哈迪德全集[M].梁雪，译.南京：江苏凤凰科学技术出版社，2018.

[10] 韩金晨.建筑师的水彩画基础[M].北京：机械工业出版社.2019.

[11] 黄熙，谭明铭.建筑·景观设计手绘表现技法[M].西安：西安交通大学出版社，2016.

[12] 江寿国.手绘效果图表现技法详解：建筑设计[M].北京：中国电力出版社，2009.

[13] 金山，王成虎，马俊.室内快题设计与表现[M].北京：中国林业出版
社，2018.

[14] 荆成义.画坛巨匠：大师建筑素描精选[M].沈阳：辽宁美术出版社，
2014.

[15] 拉金，法伊弗.弗兰克·劳埃德·赖特经典作品集[M].丁宁，译.北京：
电子工艺出版社，2012.

[16] 李诚，王超，赵帅.建筑设计手绘教程[M].3版.北京：人民邮电出版
社，2018.

[17] 李国光，褚童洲.建筑快题设计技法与实例[M].北京：中国电力出版
社，2018.

[18] 李国涛.马克笔建筑体块手绘表现技法[M].北京：人民邮电出版社，
2020.

[19] 刘洁，李志民.纽约古根海姆博物馆解析——重读现代主义建筑大师
赖特[J].华中建筑，2019，37（11）：9-13.

[20] 庐山艺术特训营教研组.建筑设计手绘表现[M].沈阳：辽宁科学技术
出版社，2016.

[21] 庐山艺术特训营教研组.室内设计手绘表现[M].沈阳：辽宁科学技术
出版社，2016.

[22] 伦佐·皮亚诺建筑工作室.伦佐·皮亚诺全集1966—2016年[M].袁承
志，等，译.北京：中国建筑工业出版社，2020.

[23] 潘周婧.印象手绘：室内设计手绘线稿表现.2版.北京：人民邮电出版
社，2018.

[24] 清建华元（北京）景观建筑设计研究院.华元设计手绘：30天学会手
绘到快题设计[M].北京：清华大学出版社，2019.

[25] 任全伟.钢笔·马克笔·彩铅：建筑手绘表现技法[M].北京：化学工业出
版社，2014.

[26] 山田雅夫.建筑速写透视基础[M].徐立，译.上海：上海人民美术出版
社，2016.

[27] 圣米格尔.建筑风景写生与透视[M].黄更，宋树德，译.东华大学出版
社，2016.

[28] 斯蒂普.赖特的室内设计与装饰艺术[M].杨鹏，译.北京：中国建筑工
业出版社，2019.

[29] 斯托勒.弗兰克·劳埃德·赖特作品全集（原著修订版）[M].赵静，刘
莉，李卓，等，译.北京：中国建筑工业出版社，2011.

[30] 孙迟.室内设计手绘表现[M].南昌:江西美术出版社,2014.

[31] 王美达.建筑设计马克笔手绘技法精解[M].北京:人民邮电出版社,2021.

[32] 文健,王博,胡娉.手绘效果图快速表现技法[M].3版.北京:清华大学出版社,2018.

[33] 吴红宇,曲旭东.建筑钢笔画[M].武汉:华中科技大学出版社,2019.

[34] 夏高彦,肖璇.手绘表现技法[M].2版.北京:北京理工大学出版社,2021.

[35] 夏克梁.夏克梁建筑风景钢笔画速写[M].上海:东华大学出版社,2022.

[36] 夏克梁.夏克梁民居建筑速写[M].南京:东南大学出版社,2019.

[37] 于国瑞.平面构成[M].北京:清华大学出版社,2019.

[38] 周雪.零基础25天学会室内手绘——室内手绘进阶三部曲[M].基础篇.沈阳:辽宁美术出版社.2017.

[39] 朱瑾,张建超,许晶.建筑与室内钢笔表现技法[M].上海:东华大学出版社,2012.

## 网址:

[1] https://www.archiposition.com/items/20181112101651

[2] https://www.archdaily.cn

[3] https://www.architizer.com

# 后记
## POSTSCRIPT

　　《手绘表现技法》为浙江省高校"十三五"新形态教材建设项目，"视觉美育综合设计基础"系列教材之一，本教材旨在为学生提供专业的手绘技法指导，介绍了手绘效果图表现技法的基本原理，从手绘基础工具到多种表现技法的基础学习。通过小品、单线、马克笔、彩铅、水色、综合及快题设计表现技法等教学单元，由浅入深推进，让学生逐渐掌握对不同设计的认知和表达。在对室内陈设小品到室内空间、建筑景观小品到建筑景观空间的大量手绘表现技法练习中，提升学生对各种不同场景、不同环境、不同材质的手绘技法把控，熟练掌握后再进行快题设计表现技法的讲解，推进学生完成使用工具—分析练习—临摹—写生—创作的学习路径。最后，通过对大师手绘表现设计及建筑施工设计图的赏析，深切体会传世经典之作，促使学生对手绘表现技法更深入地理解，感知设计师灵感的表达。本书图文并茂，使用了大量的步骤分解图，并配有视频资源，便于学生直观地了解不同手绘表现技法的过程。

　　手绘表现是设计师创意和灵感的表达或方法，是个性化的表现方式，也是设计师灵感突现时的重要记录方式。在学习过各种手绘表现技法后，有助于增强设计师的表现力，譬如表达空间感受、肌理、光影等时，可以根据设计需求，选择用什么样的技法来表现。设计师心随笔动，笔随心生，是当时当下的时空记录，是无法替代的。希望学生们可以通过对本教材的学习，为以后的设计工作打好基础，并懂得怎样去运用各种表现技法来表达设计的灵感。

　　《手绘表现技法》能够顺利出版要特别感谢周至禹教授的指导与帮助，感谢宁波大学、宁波大学潘天寿建筑与艺术设计学院对本项目的支持与资助，感谢本专业同仁们的帮助，同时也要感谢为本教材提供了优秀作业的学生们。感谢黄舒悦、夏慧娟、孟可、孟睿、陆丽、王利容、刘晓凤、唐川云、佘丹彤等历届同学在书籍视频录制过程中提供的帮助，感谢付雪雪、汤也宁、赵迎莉、徐畅、屠慧楠、虞佳佳、唐思梦、徐鸣等历届同学在图片拍摄过程中提供的帮助。在此由衷希望本教材的出版发行，能够为相关专业的学生提供一些借鉴学习的作用，为他们在设计的道路上打下坚实的手绘表现基础，为他们的创意思维提供一定的启发。

　　由于本人学识经验有限，若有疏漏和不足之处，恳请各位专家和读者给予批评和指正。